門倉貴史

本当は嘘つきな統計数字

幻冬舎新書

191

本当は嘘つきな統計数字／目次

第5章 「調整」という名の情報操作――政府発表のカラクリ 147

図版作成　ホリウチミホ

はじめに

なぜ「東京には美人が多い」のか

男性同士の酒の席では、たまに「どの地域に美人が多いのだろうか？」という話題が出てくる。

どのような女性が美人であるかは個々人の主観的な判断や基準によるところが大きいので、この質問に対して客観的な回答を与えることは本来できないはずなのだが、いくつかのアンケート調査で美人が多い地域のランク付けが行われている。

たとえば、ライブドアリサーチが２００７年７月に実施した「美人が多い都道府県は？」というインターネット・アンケート調査の結果によれば、第1位が秋田県（21・99％）、第2位が東京都（12・73％）、第3位が京都府（9・54％）という順位になった（図表0－1）。

図表 0-1 美人が多い都道府県は?(ベスト15)

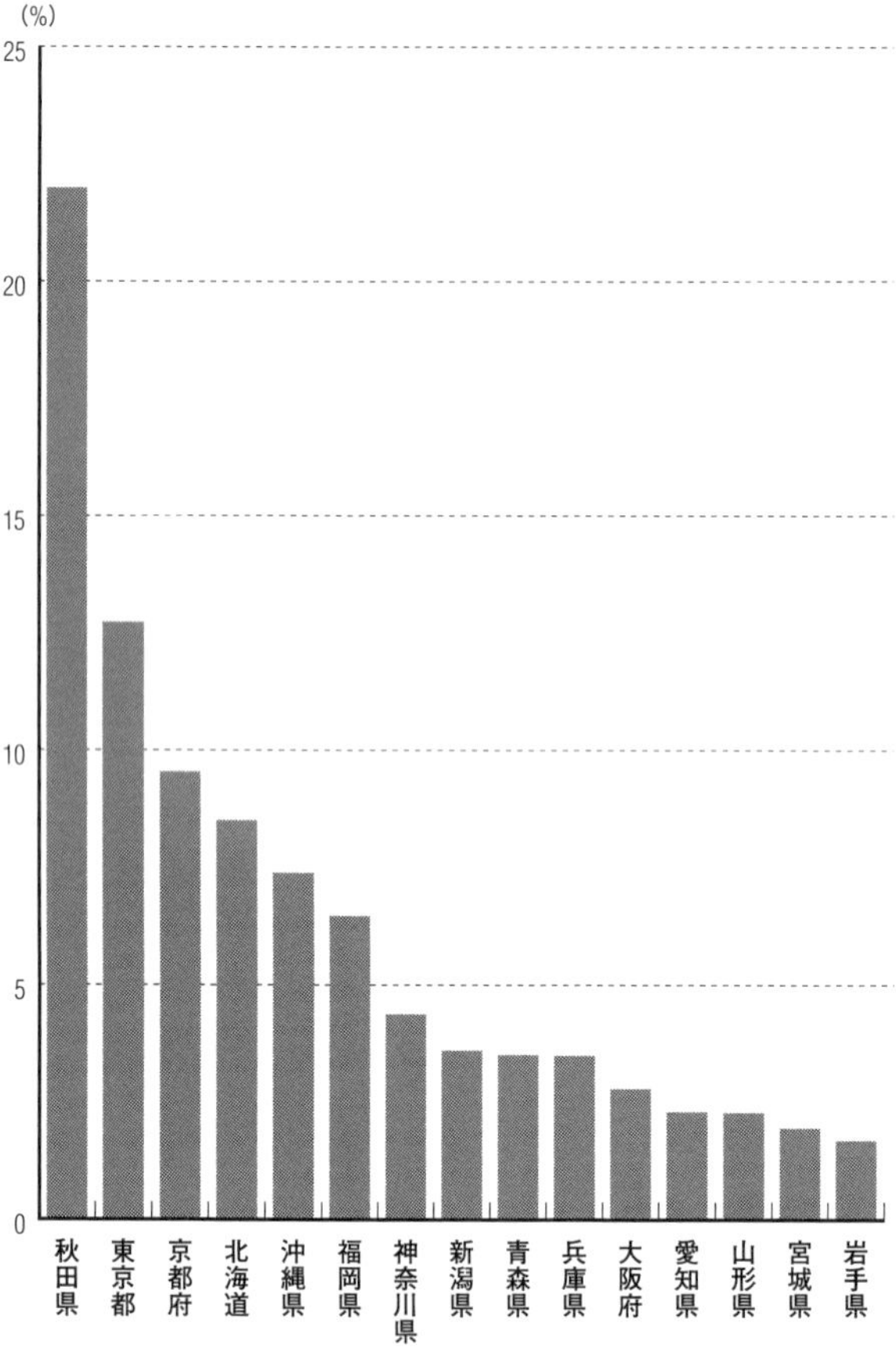

(出所)ライブドアリサーチのアンケート調査(07年7月)複数回答可

果たして、このアンケート調査の結果は、実際に他の地域に比べて秋田県や東京都、京都府に美人が多いことを表していると言えるだろうか。答えは「ノー」だ。

アンケート調査の結果が、現実の姿を反映していない理由を挙げていこう。まず、第2位になった東京都だが、東京は今回のライブドアリサーチのアンケート調査に限らず、「美人が多い都道府県」に関する多くの調査で、たいていは1位か2位の座を獲得している。

だが、よくよく考えてみると、東京都が上位の順位に入るのは当たり前の話であることが分かる。

なぜなら、他の都道府県と比べて東京にいる女性の数が圧倒的に多いからである（全国の女性人口の9・6％が東京都に在住、20〜30代の女性に限ると11・5％が東京都に在住）。美人の出現比率が他地域と同じであったとしても、母集団が大きくなればなるほど、美人の絶対数は多くなる。逆に言えば、美人でない人の絶対数も多くなっているはずである。

つまり、東京では美人も美人でない人も他の地域と同程度の比率でいるかもしれないのだが、他の地域に比べて母集団の絶対数が圧倒的に多いので、美人の絶対数だけに注目すると、アンケート回答者には「東京には美人が多い」という錯覚が生じることになる。

では、母集団の絶対数がそれほど多くない秋田県が第1位になったのはなぜだろうか。ヒントはアンケートの質問文に隠れている。ライブドアリサーチのアンケートの質問文は、次のようになっている。

「出身地から、『秋田美人』『京美人』『博多美人』など、一般に美女が多いといわれる地域があります。では、実際にあなたが美人だと思った女性の出身地で多かった都道府県はどこですか？　あてはまる県をすべて選んでください。」

この質問文を読むと分かる通り、「秋田美人」「京美人」「博多美人」というように、質問者はあらかじめ回答者に対して秋田や京都、福岡には美人が多いというニュアンスを提示してしまっている。

このように前もって回答に関わるヒントを提示されると、「秋田出身は確かに美人が多かったような気がする……」という先入観が強く働くようになり、その結果、他の地域に比べて秋田や京都、福岡に票が入りやすくなってしまう。

さらに、ここでは具体的な都道府県名は挙げないが、この手の調査で下位の順位に甘んじる都道府県は、もともとの母集団の絶対数が少なかったり、あるいは観光などでその地域を訪れる人が少ないといった特徴がある。

母集団が少ないと下位の順位になりやすいのは、東京が上位の順位に入るのと逆の理由による。また、回答者にとって印象が薄い地域、あまり訪れたことのない地域は、そもそも美人が多いかどうかを判断する材料を持ち合わせていないので、実際には美人が多かったとしても、アンケートでは得票数が少なくなる傾向がある。

そして、このアンケート調査がモニター調査の形式になっていることも、調査結果を左右する要因になっていると考えられる。

一般に、アンケート調査の回答者は自分の身近な地域に「美人が多い」という印象・先入観を持ちやすいため、モニター調査の回答者の分布が東京など特定の地域に偏っていた場合、東京などの大都市圏の地域に票が入りやすくなるといった傾向がある。

「長寿村」から長生きの秘訣は得られない

もうひとつ、データの解釈に関連した興味深い話題を挙げておこう。データを解釈する場合には、何が分母で何が分子になっているのかなど、そのデータの算出方法やデータが決まる要因を十分に理解しておかないと、とんでもないミスリーディングをしてしまう恐れがある。

具体的な事例として、ここでは「長寿村」の話を取り上げてみよう。読者のみなさんは、「長寿村」という言葉を聞いたことがあるだろうか。「長寿村」とは文字通り長生きする人が多い地域のことを指す。

かつては「敬老の日」に合わせて、メディアなどで各地の「長寿村」が盛んに取り上げられ、「長寿村」で暮らす人たちの食生活などが紹介されたりもした。「長寿村」で暮らす人たちは、ひえやあわなど淡白なものをよく食べている、などの情報を鵜呑《うの》みにして、それを実践してみた人もいるのではないか。

しかし、実際にはどんなに「長寿村」を詳しく調べても、そこから長生きの秘訣を得ることは難しい。

私たちが「長寿村」のデータから読み取れるのは、その地域に高齢者が多いという事実のみであって、その地域で暮らす人たちと同じ生活習慣にすれば長生きできるという事実が読み取れるわけではない。

なぜなら、そもそもの話として「長寿村」選定のデータが長寿とは無関係のところで決まってくるからだ。

「長寿村」がどのように選定されているかと言えば、その地域の全人口を分母に、70歳以上（平均寿命が延びた近年では75歳以上や80歳以上、85歳以上でみることもある）の人口を分子に持ってきて、その数値が高い地域が「長寿村」ということになる。

若者が都会に出て行ってしまった村では、当然、この数値が高くなるので「長寿村」に選定されやすくなるだろう。

つまり「長寿村」というのは、実は単に若者のいない「過疎地」のことを示しているだけという可能性があるのだ。

だから、長寿村で暮らす人たちの生活習慣をどんなに詳しく研究しても、そこから長寿の秘訣を得ることはできない。

ただし、健康に長生きをしている人たちには共通する特徴があることは確かなので、もし長寿の秘訣を探りたいのなら、「長寿村」というエリアにこだわるのではなく、「センチネリアン（百歳長寿者）」に直接、生活習慣や食習慣を聞くほうが、情報としての価値は高いということになるだろう。

世界一の美容整形大国はどこか

「世界で最も美容整形市場が発達している国は韓国だ」とよく言われる。もちろん、これはあくまでも感覚的な話で、実際に他の国と比較して韓国の美容整形市場が大きいかどうかは分からない。

ところが、最近になって、どの国で美容整形が発達しているかを客観的に把握できるデータが発表された。国際美容外科学会という機関が、10年8月、世界で初めて国別の美容医療（外科的な手術を要する美容外科と外科的な手術を要しない美容皮膚科の合計）の施術件数を発表したのである。

この国際美容外科学会のデータによると、09年における美容医療の施術件数が最も多かったのは米国で303万1146件（図表0－2上）、世界全体の美容医療の17・5％を占めた。第2位がブラジルで247万5237件（世界シェアは14・3％）となっている。日本は74万2324件（世界シェアは4・3％）で世界順位は第6位、韓国は65万9213件（世界シェアは3・8％）で日本に次ぐ第7位だ。

読者のみなさんは、このランキング・データをどのように解釈しただろうか。「韓国の美容医療の施術件数は世界第7位にとどまっており、美容整形が盛んな国とは言えない」と

図表 0-2 美容医療の施術件数の世界ランキング

美容医療施術件数（09年）

順位	国名	件
1	米国	3,031,146
2	ブラジル	2,475,237
3	中国	2,193,935
4	インド	894,700
5	メキシコ	835,280
6	日本	742,324
7	韓国	659,213

人口1000人あたりの美容医療施術件数（09年）

順位	国名	件
1	韓国	13.7
2	ブラジル	12.9
3	米国	9.7
4	メキシコ	7.7
5	日本	5.8
6	中国	1.6
7	インド	0.8

（出所）国際美容外科学会資料より作成

いうのが正直な感想だろう。

しかし、美容医療の施術件数の生の数字を比較しても実はあまり意味がない。なぜなら、施術件数の生のデータにはそれぞれの国の人口規模が反映されていないからだ。中国やインドのように人口規模が10億人を超えているような国で、美容医療の施術件数が多くなるのは当たり前である。

そこで今度は、美容医療の施術件数を人口で割って、人口1000人あたりの美容医療施術件数をみてみることにしよう（図表0-2下）。全く違う姿が浮かび上がってくる。人口1000人あたりの美容医療施術件数では、韓国が13・7件で世界トップに躍り出るのだ。結局、「世界で最も美容整形市場が発達している国は韓国だ」という通説は客観的なデータに照らしてみても明らかであると言えるだろう。

このように、統計データを国や地域で比較する際には、「1人あたり」や「世帯あたり」に直してみると、真実の姿が浮かび上がってくることが多い。

経済の分野について言えば、10年に中国のGDP（国内総生産）が日本のそれを追い抜くことが確実視されており、それをもって「中国脅威論」を唱える人がいる。しかし、実は中国の経済の規模が日本を追い越すことにあまり重要な意味はない。なぜなら、日本の

10倍の規模の人口を抱えた国が、経済規模において、どこかの時点で日本を抜くのは当たり前の話だからだ。

日中両国で暮らす人々の本当の豊かさを比較するのであれば、GDPを人口総数で割った1人あたりのGDPをみなくてはならないだろう。

そして、1人あたりのGDPで比較すれば、日本は10年の時点で4万1365ドル、中国は3999ドル（ともにIMFの予測統計による）で、日本の生活水準は中国よりもはるかに高いという評価になるのだ。

一方、国民1人あたりで計算すると、おかしなことになってしまう統計数字もある。それが国の借金の数字だ。

財務省の発表によると、国債と借入金、政府短期証券を合わせた国の債務残高は10年6月時点で904兆772億円と、初めて900兆円の大台を突破した。

ところで、よくメディアで国の借金の額を国民1人あたりに置き換えて報道するケースが目につく。ちなみに、10年6月時点の国の借金を国民1人あたりに直すと711万円となる。国の借金の額をわざわざ国民1人あたりに直すのは、国の借金の額が身近に感じられるようにするためと思われるが、日本の場合、国民1人あたりで借金をみる意味は全くない。なぜなら、日本では政府が発行する国債のほとんどを直接・間接に日本の国民が保有しているからだ。つまり、日本政府の借金は、日本国民の資産という構図になっているので、国民が借金を抱えているわけではないのだ。

南欧のギリシャのように政府が海外から多額の借金をしている場合には、国の借金を国民1人あたりでみることは間違いではないが、日本のように国の借金が国民の資産になっている場合には国の借金を国民1人あたりに直してみるのは間違いである。

最も会社に行きたくないのは何曜日？

習慣に関するデータを取り扱ったり、解釈する際には、海外に当てはまる事実が必ずしも日本に当てはまるとは限らないという点に十分な注意を払う必要があるだろう。これは、習慣に国民性の違いが反映されやすいためだ。

たとえば、曜日別のモチベーションに関する調査報告がある。これは、ビジネスマンの1週間のモチベーションが曜日によってどのように変化するかを調べたものである。

カナダのマギル大学の調査（10年3月発表）によると、1週間の中で、週明けの月曜日が最も会社に行きたくない（モチベーションが最も低い）曜日という結果になっている。

図表 0-3 やる気があるのは何曜日?

順位	曜日	回答者数構成比(%)
1	金曜日	36.3
2	月曜日	6.8
3	木曜日	5.0
4	火曜日	4.1
5	水曜日	3.7
6	土曜日	3.3
7	日曜日	1.2

(出所)JTBモチベーションズ資料より作成
(注)特になしの回答は除いているため合計は100%にならない

逆に、火曜日はモチベーションが大きく上がり、1週間の中で最も効率よく仕事ができるそうだ(とくに火曜日の午前10時から正午まで)。

その理由は次の通りである。まず、月曜日は休暇明けで自由が奪われる感覚に襲われるためやる気が出ない。火曜日は、自由が奪われる感覚に慣れてしまい、週末の休みへの未練が吹っ切れるので仕事の効率が上がる。しかし、火曜日に頑張りすぎるので、その後の曜日は徐々に仕事の効率が低下。金曜日は翌日が休暇なので、再びモチベーションがアップするというわけだ。

ところが日本の調査(JTBモチベーションズが20〜34歳会社員を対象に行った調査、

10年8月発表）では、カナダとは異なる結果が出ている。日本の曜日別のモチベーションは、高い順に金曜日、月曜日、木曜日、火曜日、水曜日となっているのだ（図表0－3）。月曜日は、金曜日の次にモチベーションが高い。

その理由は、次の通りである。まず、土日の休暇を控えているので、当然、金曜日はモチベーションが大きく上がる。月曜日は土日にゆっくり休んで、心も身体もリフレッシュしているので、比較的高いモチベーションが維持できる。

火曜日から水曜日にかけては、土日の休暇がまだやってこないし、月曜日のリフレッシュ効果が薄れてくるので、モチベーションはどんどん下がっていく。休暇が近づく木曜日頃からまたモチベーションが上がるというわけである。このように海外と日本では曜日別のモチベーションにかなりの差異がみられる。

カナダの研究結果に基づけば、火曜日の午前中に重要な仕事を片付けるのが良いということになるが、日本の調査に基づけば、火曜日は避けて金曜日か月曜日に重要な仕事を片付けるのが良いという結論になる。

統計数字のワナに陥らないために

「情報化社会」という言葉もあるように、現在、世の中には様々な情報が氾濫している。毎日、新聞や雑誌、本、テレビ、インターネットなどであふれるばかりの情報が流れているが、私たちがそれらの情報の信憑性《しんぴょう》を評価する際には、きちんとした数値データの裏づけがあるかどうかをひとつの基準にすることが多い。

情報が客観的な数字やデータで補強されていると、その情報の説得力は数字やデータがない場合に比べて大きく高まり、良質な情報となる。

学者や研究者が学術論文を執筆したり、ビジネスマンが部内会議や取引先で企画のプレゼンテーションをする際にも、自説の説得力を高めるためのツールとして統計データの援用は不可欠と言えるだろう。

しかし、統計データの裏には、冒頭で挙げた美人が多い都道府県の話や長寿村の話、美容整形の話、曜日別のモチベーションの話のように、ミスリーディングのワナに陥るリスクが潜んでいる。

自然科学・社会科学を問わず、統計データの作成基準やバイアス（偏向）をきちんと把握したうえで丹念に統計データを読み込み、場合によっては自らの手で二次加工をしないと、データの裏に隠れている真実を引き出せずに終わってしまう可能性があるのだ。

そこで、本書では世の中に出回っている様々な統計データ、アンケート調査、世論調査を紹介しながら、それらのデータがどこまで信用できるか、調査結果をどのように解釈すればいいのか、さらには、どのような場合に統計データをミスリーディングしやすいかなどを詳細に検討していきたい。

具体的な事例は、社会科学の分野・自然科学の分野ともできる限り面白いトピックを取り上げるようにし、また難しい数式や推計式なども使わないように心がけた。

読者のみなさんが、本書を活用して、統計データを日常生活やビジネスシーンで上手に使いこなせるようになっていただければ、筆者にとっては望外の幸せである。

第1章

「数」「選び方」次第で白も黒になる

――サンプルのカラクリ

まずサンプルと母集団の関係を理解しよう

私たちは、日常生活やビジネスの場面で様々な統計データに接するが、統計データの多くは標本（サンプル）調査であり、サンプルの背後には母集団（すべての調査対象）が存在する。

一番望ましいのは、母集団そのものを調査することだが、母集団すべてを調査していると、時間やコストがかかってしまうので、効率性の観点から全数調査をすることはできない。そこで各種の調査では母集団から一定数のサンプルを抽出して、このサンプルに調査をかけるのだ。

ただし、サンプルを抽出するにあたっては、そのサンプルが母集団の特性を十分に反映したものになるよう、偏りなく選ぶ必要がある。つまりサンプルはランダムに抽出されていなければならないということだ。

たとえば、内閣支持率について、有権者全員からサンプルを抽出して世論調査をする場合を考えてみよう。

仮に、母集団は、「内閣を支持する」が3割、「内閣を支持しない」が7割だったとする。

このとき、誤って母集団から「内閣を支持する」と考える人たちばかりをサンプリングしてしまうと、世論調査の結果は、内閣支持率100％となり、実態を全く反映しない結果が出てくることになる。

サンプル抽出の重要性を語る際、よく引き合いに出されるのが1936年の米国の大統領選挙の際に行われた世論調査である。

このとき、リテラリー・ダイジェスト社は、1000万枚の投票用紙をランダムに選んだ有権者に配り、そこから237万枚の回答を得た。集計の結果、リテラリー・ダイジェスト社は共和党候補のカンザス州知事アルフレッド・ランドンが当選すると予想した。

一方、ギャラップ社は、わずか3000人に対して世論調査を行った。集計の結果、民主党候補のフランクリン・ルーズベルト大統領が再選するとの予想になった。

そして、実際の大統領選では、ギャラップ社の予想通り、フランクリン・ルーズベルトが61％の得票率で再選した。

なぜ、リテラリー・ダイジェスト社は、ギャラップ社に比べてサンプル数が圧倒的に多かったにもかかわらず、予想を外してしまったのだろうか。

その理由は、サンプルの数ではなく、サンプルの質に問題があったからだ。リテラリー・ダイジェスト社は、サンプルを選定するにあたって、自社雑誌の購読者名簿や電話加入者、自動車保有者などから1000万人のサンプルをランダム抽出したのだが、実はこのサンプルの多くは、共和党を支持する富裕層や中産階級で占められていたのだ。つまり、リテラリー・ダイジェスト社が選んだサンプルは母集団の特性を十分に反映したものではなかったということだ。

一方、ギャラップ社は、サンプルの数こそ少なかったが、地域別や男女別、年齢階層別、人種別、職業階層別というようにいくつかの属性に関して、サンプルの構成比が母集団の構成比と一致するように調整してサンプルをランダム抽出した。

この結果、サンプルは母集団の特性に近いものとなり、フランクリン・ルーズベルトの当選を見事に的中させることができたのである。

開票作業が始まってすぐ「当確」を打てる理由

読者のみなさんは、衆議院議員総選挙や参議院議員通常選挙で、開票作業の開始直後にテレビなどで当落の報道がなされるのを不思議に思ったことはないだろうか。なぜ、こんなに速いスピードで、選挙の当落結果を報道できるのか。これはサンプルの数が少なくても、そのサンプルだけで母集団の特性を十分に把握することができるからである。つまり、母集団からランダム標本の抽出に成功しているのだ。

メディアが報道する選挙速報は基本的に「出口調査」をもとにしている。「出口調査」というのは、選挙で投票を終えたばかりの人に調査票を渡して、誰に投票したかなどを答えてもらうというものだ。「出口調査」は90年代半ば頃から本格的に実施されるようになった。

「出口調査」の精度はかなり高いと言われているが、１００％の確率で当落を予想できるわけではない。中には、「出口調査」に基づいて当選確実との報道がなされた後に、落選と分かり、肩を落とす候補者も出てくる。

では「出口調査」が外れてしまう場合、どういった理由が考えられるのだろうか。日本の選挙の「出口調査」にはいくつかのバイアスがあることが知られており、このバイアスが大きいと「出口調査」の結果と実際の選挙結果にズレが生じる。

バイアスが生じる理由のひとつは、期日前投票の多寡だ。「出口調査」は選挙の当日に投票した人だけに調査をかけている。したがって、期日前に投票をする人の割合が多くなれば、期日前投票をした人が誰に投票したかによって、「出口調査」と実際の選挙結果にズレが生じることになる。

最近では、期日前に投票を済ませる人が多くなっていると言われ、投票者の約2割が期日前に投票をしている。

バイアスが生じるもうひとつの理由は、「出口調査」を拒否する人の存在である。誰に投票したかを言いたくない人がたくさんいれば、それだけ「出口調査」で得られた情報が偏ったものになってしまうのだ。

とくに、一般のイメージがあまり良くない候補者に投票した人は「出口調査」に非協力的になる傾向があると言われる。

こうしたバイアスが重なっていくと、「出口調査」と実際の選挙の結果にズレが生じることになる。

ネット調査と電話調査、信頼できるのはどっち?

近年、各種のサンプル調査を、インターネットを通じて行うケースが増えている。これまでアンケート調査や世論調査の多くは、面接調査や郵送調査、電話調査で行われていたが、90年代後半以降は、インターネットを使った調査の数が目立って増えるようになった。

企業もマーケティング戦略の一環として、ネット調査を積極的に活用している。

ただし、ネット調査にはメリットとデメリットがあるので、ネット調査を活用したり、その結果を解釈する際には、ネット調査の特質を十分に知っておく必要がある。

まず、ネット調査のメリットからみていくと、面接調査、郵送調査、電話調査に比べて短時間で結果を知ることができるという点が挙げられる。

たとえば、郵送調査とネット調査を比較すると、郵送調査の場合、調査票の作成→調査票の送付→回収→集計という一連の作業が終わるまでに3～4週間という時間がかかる。しかしネット調査の場合、1週間程度の時間があれば一連の作業が余裕で完了する。調査対象が100人程度と、比較的規模の小さい調査だと、24時間以内で集計が終わるケースもある。

ネット調査のもうひとつのメリットは、調査費用が面接調査、郵送調査、電話調査に比べるとずっと安上がりで済むことだ。

さらに、面接調査では、人々のプライバシーの意識の高まりなどによって調査に非協力的な人が増え、その結果、調査票の回収率が低くなるという問題が出ているが、ネット調査は気軽に回答できるので、相対的に回収率が高くなるといったメリットもある。自由回答の記入を求める調査の場合も、ネットでは調査票に記入するよりも早く書けるので、郵送調査などに比べて回答率が高くなる。

一方、ネット調査のデメリットとしてはどのようなものがあるだろうか。従来からよく指摘されるのは、ネット調査では、そもそもインターネットのユーザーが調査対象となるため、サンプルが母集団を代表しなくなってしまうという問題だ。

調査対象からネットに興味のない人、ネットを使わない人が抜け落ちてしまうので、その影響によって調査結果に誤差が生じる。一般に、上の世代になるほど、ネットの使用率は低くなるため、ネット調査の結果には、中高年層の意識が反映されづらくなる。

最近の事例を挙げれば、2010年9月に実施された民主党の代表選において、事前に行われたインターネット上の調査では小沢一郎氏を支持する声が高かったにもかかわらず、実際にフタを開けてみると、電話調査の結果の通り、菅直人氏が党員・サポーターから多くの支持を集めて勝利したという話がある。

ネット調査の事前予想が外れてしまったのは、サンプルが母集団を代表していなかったからだ。すなわち、民主党代表選に関するネット調査では、電話調査に比べてサンプルの数が非常に少なく、調査に協力した人たちの年齢分布も20代・30代の若者に偏っていた。

そのサンプルに（理由はともかく）小沢一郎氏を支持する層が集中していたのである。

また、それだけではなく、ネット調査には、回答者自身の心理的特性などに起因する特有のバイアス（偏向）が生じることも指摘されている。

たとえば、労働政策研究・研修機構の調査レポート『インターネット調査は社会調査に利用できるか〜実験調査による検証結果〜』（２００５年）は、同じ内容の意識調査を面接調査、ネット調査で行った場合、集計結果にどのような違いが出てくるかを詳細に検証しており、興味深い結果が報告されている。

まず、モニターに応募したネット調査の回答者の属性的な特徴として、①正社員に比べて非正社員が多くなる②高学歴で専門技術職が多いなどの傾向がみられたという。

また、回答者の意識的な部分における特徴として、ネット調査では、多くの側面で満足度が低く、不公平感が強いという傾向が観察された。さらには、心の豊かさを好む傾向が弱く、金銭・物質への志向が強いという点も指摘されている。このような特徴が現れるのは、謝礼目当てにネット調査のモニターに応募する人が多いためと考えられている。

謝礼を目的にアンケートに回答する人が多いと、質問に対する回答が機械的なものになりやすく、それによって調査結果に誤差が生じる恐れもある。

もうひとつ、ネット調査のデメリットとして考えられるのは、発売前の新商品に関するアンケートなどで、モニターが調査の守秘義務を守らなかった場合、企業の情報がライバル会社など外部に漏れてしまうという点だ。調査対象のモニターに守秘義務を課しても、顔が見えないので、情報流出の恐れは常につきまとう。

こうしたメリット・デメリットを踏まえて総合的にネット調査の是非を判断すると、ネット調査は高頻度で素早く調査を行えるため、「前回調査と比べて結果がどのように変化したか?」というような、時系列での比較を行いたい場合には適していると考えられる。

一方、ある時点における正確な数字を把握したい場合には、ネット調査では誤差が大きく不向きであると言える。

調査によって厳密な数字を把握する必要がある場合には、時間とコストはかかるが、面接調査や郵送調査、電話調査といった従来型の調査手法が効力を発揮すると言えるだろう。

米国の世論調査に現れる「ブラッドリー効果」とは?

母集団からランダム標本の抽出に成功しても、特有のバイアス(偏向)によってサンプル調査の結果が歪み、母集団の意思を反映しない場合もある。

たとえば、米国の世論調査には、いわゆる「ブラッドリー効果」が現れることが知られている。「ブラッドリー効果」とは、米国の選挙において、白人候補者対黒人候補者という構図になった場合、黒人候補者は事前の世論調査で実際よりも高めの支持率が出やすいというバイアスのことだ。

「ブラッドリー効果」は82年のカリフォルニア州知事選で、世論調査では圧倒的優位に立っていた黒人候補者のトム・ブラッドリー氏（当時はロサンゼルス市長）が、選挙の当日になって、白人候補者に敗北してしまったエピソードから広く注目されるようになった。ブラッドリー氏は、世論調査で白人候補者に9〜22ポイントの大差をつけてリードしていたにもかかわらず、まさかの惜敗に終わったのである。

では、なぜ米国の世論調査では「ブラッドリー効果」が生じるのだろうか。「ブラッドリー効果」は人種差別の問題と密接な関係がある。

白人の有権者が、自分が人種差別主義者であると思われたくないために、世論調査に訪れた調査員に正直な回答をせず、ウソの回答をするからと言われる。事実、82年のカリフォルニア州知事選では、世論調査で「態度未定」や「ブラッドリー氏支持」と回答していた白人有権者の多くが、実際には白人候補者に投票していたことが事後調査によって明らかになっている。

つまり、白人有権者の多くが、事前の世論調査では、黒人候補者を支持すると見せかけておいて、実際の投票では白人候補者を支持するということであり、それによって世論調査の結果と実際の選挙結果に大きなズレが生じるのだ。

このような「ブラッドリー効果」は、88年の大統領選の民主党予備選挙や89年のバージニア州知事選でも観察された。90年代に入ってからも、シカゴやニューヨークの市長選で「ブラッドリー効果」が現れたと指摘されている。

ただし、米国の世論調査で「ブラッドリー効果」が現れやすいことは確かだが、調査方法の改善（世論調査は、従来の面談方式から電話方式に切り替わっている）や社会全体の人種差別意識の変化（ギャラップ社の調査では、黒人候補者に投票しないと回答した人の割合は58年の53％から03年には6％まで低下）によって、最近ではこうしたバイアスが以前に比べると小さくなってきているとの指摘もある。

たとえば、08年に行われた大統領選挙では、米国特有の「ブラッドリー効果」が出るのではないかと懸念されたが、この懸念は杞憂《きゆう》に終わった。

選挙では、事前の世論調査通り、黒人候補者のオバマ上院議員（民主党）が白人候補者のマケイン上院議員（共和党）を破り見事大統領に当選したのだ。

「大数の法則」の錯覚、「少数の法則」のワナ

私たちは、サンプルの背後には母集団があるということ、サンプルが必ず母集団の特性を反映するとは限らないという基本的な事実をともすれば忘れがちで、その結果、「少数の法則」のワナに引っかかってしまう。

「少数の法則」とは、行動経済学の専門家であるダニエル・カーネマンが提唱したもので、サンプルの数がごく少数であるにもかかわらず、それが母集団全体の特性を代表すると思い込んでしまう心理的なバイアス（偏向）のことを指す。

たとえば、コインを投げて「表」が出る確率について考えてみよう。1回投げたときに、「表」が出る確率は当然50%である。そして、あなたがコインを何度も投げ続けた結果、偶然、「表」が6回続けて出たとしよう。

すると、あなたは、「表」と「裏」が出る割合は半々になるはずなのに、6回も「表」が出たのだから、次（7回目）に投げたときは、おそらく「裏」が出るだろうと予想するのではないだろうか。しかし、このような予想には実は何の意味もないのである。

「表」と「裏」が出る割合がちょうど半分ずつになるのは、無限に近い回数でコインを投げ続けたときに限られるからだ。

サンプルや試行回数を極限まで増やしたときに、合理的な期待値に近づく現象は、確率・統計の世界で「大数の法則」と呼ばれている。

「大数の法則」というのは、一見すると、偶然にみえる現象も、非常に長い目でみれば、数学的な法則に支配されているというものだ。

先ほどのコインの話で言えば、コインを投げる回数（サンプル）を大きくすればするほど、「表」や「裏」が出る確率は偶然ではなくなっていき、「表」と「裏」が出る確率は母集団の平均である50%に近づく。

サイコロの目についても同じことが言える。サイコロを振ったとき「1」の目が出る確率が6分の1に一致するのは、無限に近い回数でサイコロを振ったときになる。

このように、現実にはサンプルや試行回数が増えていったときに、サンプルや試行回数の平均と、神様だけが知っている母集団の本当の平均が近似するのだが、人間は「大数の法則」が少ないサンプルでも成り立ってしまうとうっかり錯覚してしまうのだ。

「少数の法則」の具体例として、よく挙げられるのは、「ギャンブラーの誤り」という事例だ。

今、ギャンブラーが、ルーレットのゲームで「赤」か「黒」かのどちらかに賭けるとしよう。それまで5回連続して「赤」が出ていた場合、多くのギャンブラーは少ない試行回数が真理を言い当てていると勘違いして、「今度は黒が出るはずだ！」と「黒」に多額のお金を賭けてしまう。しかし、少数の試行回数の結果をもとに予測を立てても、その予測には全く根拠がないのと同じである。むしろそのような心理的なバイアスが障害となって、当たるものも当たらなくなってしまうのである。競馬や競輪に賭ける場合でも同じことが言える。

研究者であっても、ごく少数の被験者を対象にして行われた実験やアンケートの結果を判断する際、「少数の法則」のワナに引っかかり、実験やアンケートの結果が母集団の特性を言い当てていると勘違いしてしまうケースがある。

黒人だけに効く心不全治療薬のトリック

社会科学の分野だけでなく自然科学の分野においても、サンプル抽出方法やサンプル数の妥当性が議論されることがある。

具体的な事例として、ここでは黒人向けの慢性心不全治療薬「バイディル（BiDil）」の治験の話を挙げておこう。

05年6月23日、米国の食品医薬品局（ＦＤＡ）は、「バイディル」という薬の販売を承認した。「バイディル」は、特定の人種（黒人）に限ってよく効くという極めて珍しい薬である。

しかし、「バイディル」の有効性を確かめるための治験の結果については、その妥当性に批判の声が上がっている。というのも、治験を行ったときのサンプル数が異常に少なかったからだ。

「バイディル」がＦＤＡに認可されるまでの経緯を振り返ると、「バイディル」の開発はメドコ社によって80年代から着手され、同社は96年にＦＤＡに対して「バイディル」の承認申請をした。このときの承認申請は、全ての人種を対象とした一般薬としてのものだった。しかし、ＦＤＡは97年に「バイディル」の申請を却下してしまう。承認却下の理由は「バイディル」の有効性に疑問があったということではなく、単純に実験データが薬事法上の基準を満たしていないからというものだった。この時点でメドコ社は「バイディル」の特許権を手放してしまう。

その後、「バイディル」の開発者たちは、過去の治験データをもとに人種別の治験成績を検討し、「バイディル」は他の人種に比べて黒人で効果が高いという結論に達した。ここで治験のサンプルに関する問題が出てくる。

「バイディル」が黒人に有効と判断される根拠となった治験は、たった49人のアフリカ系アメリカ人を被験者としたものだったのだ。通常、新薬の治験を行う際には、数千人の被験者の登録を必要とするので、被験者が49人では統計的に有意であると結論づけるのは難しい。にもかかわらず、「バイディル」の特定人種に対する有効性は、この治験成績が根拠となっているのである。

「バイディル」の開発者たちは、「バイディル」は黒人に有効という結論が出た後、今度は「自分はアフリカ系アメリカ人である」と自己申告した被験者１０５０人を対象に「バイディル」の治験を行った。この治験は、対象となった患者の半数にニセ薬（プラセボ）を、残りの半数に「バイディル」を投与し、両者の効果の違いを調べるというものだ。

その結果、「バイディル」を投与したグループは、プラセボを投与したグループに比べて死亡率が43％も低くなるという結果が得られた。この治験で「バイディル」の効果が証明されたが、人種別に分けた治験を行っていないので、黒人以外の人種に「バイディル」

が有効かどうかは分からない。「バイディル」は新たに開発者から特許権を取得したナイトロメド社によってＦＤＡに承認申請され、無事承認された。

「バイディル」の効果に疑問を持つ専門家は、「バイディル」に効果がないと指摘しているのではない。その逆で、「バイディル」にはかなりの効果があって、その効果は黒人に限定されるものではなく、全ての人種に効果を発揮するのではないかと批判しているのだ。

先ほど述べた通り、当初「バイディル」がＦＤＡに承認されなかったのは、その効果が疑問視されたからではなく、単純に薬事法上の基準を満たしていなかったという理由であった。

では、なぜ少ないサンプルを対象に統計的に有意であるとは言えない人種別の治験結果をもとに、黒人限定の心不全治療薬として「バイディル」は販売されるようになったのだろうか。

その理由について、特許期限を延ばすという商業的な狙いがあったのではないかと指摘する向きがある。一般向けに用いる「バイディル」の特許期限は、07年に切れてしまうはずであった。

しかし、「バイディル」を特定の人種に用いる新たな薬として特許をとれば、その特許期限は20年まで延長することが可能になる。特許期限が延長されると、その期間は「バイディル」の特許権をもつナイトロメド社が独占的に「バイディル」を販売することが可能になり、独占販売によって巨額の利益が得られるというわけだ。

全数調査だから正確だとは限らない

ここまでは、世の中にあふれる様々なサンプル調査の実例を紹介するとともに、サンプル調査では、その背後に存在する母集団の特性を反映したサンプルをランダム抽出できなければ、統計数字の正確性が担保されないという話をしてきた。

しかし、サンプル調査ではなく、母集団そのものを調べる全数調査であっても、統計数字の正確性が担保されないケースがある。

全数調査としては、総務省が5年ごとに発表している「国勢調査」が有名であるが、「国勢調査」に掲載されている数字が現実を反映しているかどうかは、ひとえにどれだけの人が「国勢調査」に理解を示し、協力してくれるかにかかっている。日本では「国勢調査」の未回収率が急激に高まっており、95年の0・5%から00年には1・7%に、05年には4・4%に達した。これは個人情報の保護意識の強まりに加え、都市部を中心にオートロックマンションが増えるなどして、調査が難しくなっていることを反映している。今後も未回収率の上昇傾向が続くようであれば「国勢調査」の精度が下がる恐れがある。

また、たとえ未回収率の数字が低くても、一部の国民が虚偽の申告をしていれば、「国勢調査」の数字は現実を反映しない歪んだものになってしまうだろう。

虚偽の申告によって「国勢調査」の数字に歪みが生じる具体的な事例として、インドネシアの「国勢調査」を取り上げてみよう。

インドネシアの「国勢調査」は10年に1度の頻度で実施されているが、「国勢調査」の結果をみると、奇妙な数字が出ていることに気がつく。

それは人口に関する統計数字で、インドネシアの人口を1歳刻みで並べていくと、どういうわけか、下一桁に「0」か「5」がつく年齢の人がそうでない人に比べて極端に多くなる傾向がみられるのだ。

このような現象は、一般に「エイジ・ヒーピング」(Age Heaping)」と呼ばれている。「エイジ・ヒーピング」とは、国民の多くが年齢の1の位をちょうどきりのいい「0」か「5」に丸めて申告してしまう結果、統計上、下一桁に「0」か「5」のつく年齢の人が極端に多くなってしまう現象を指す。

なぜ「エイジ・ヒーピング」の現象が発生するかと言えば、インドネシアをはじめ多くの開発途上国では、自分の年齢を気にする人があまりいないからだ。自分の年齢を知らなくても生活に支障が出ることはないし、金銭面で損をすることもない。中には、自分の年齢を知らないまま一生を終える人もいる。

だから、「国勢調査」の調査員に年齢を聞かれても、自分の年齢を適当に丸めて答えてしまう人が多いのだ。

このため、インドネシアでは、統計的な手法を使って原統計から「エイジ・ヒーピング」の現象を取り除く作業（加工）を行っている。

インドやスリランカ、ナイジェリアなどインドネシア以外の開発途上国でも「エイジ・ヒーピング」の現象はみられるが、開発途上国であっても、ベトナムのように「エイジ・ヒーピング」がみられない国もある。

「エイジ・ヒーピング」の現象がみられない国に共通する特徴は、十二支が社会的習慣として浸透していることだ。年齢があやふやでも、みなが生まれた年の干支を知っているので、調査員が干支を聞けばその人の実年齢を把握することができるというわけだ。

このように、全数調査だからその統計数字は信頼できると短絡的にとらえるのは誤りで、たとえ全数調査であっても、正直に回答しない人がいれば、その調査の信頼性は大きく揺らいでしまうことになるのだ。

回答者がウソをつく「下半身」問題

調査に対して虚偽の回答をするという話が出てきたので、そのあたりのことをもう少し詳しくみておこう。各種の世論調査や統計調査は、調査協力者が正直に回答することを前提に実施されている。

しかし、現実には先ほど紹介した「エイジ・ヒーピング」のように調査協力者が必ずしも正直に回答するとは限らない。場合によっては、回答者がウソをつくことによって、調査の結果が歪んでしまい、統計数字が現実を反映しなくなる恐れもある。とくにプライバシー（個人の私生活）に関する事柄については、回答者がウソをつく確率が高まる。

たとえば、07年に米国のコーネル大学が、興味深い調査結果を発表した。インターネット上に自分のプロフィールを掲載している人は、男性で約52・6％、女性で39・0％が身長について実際の数値を偽って申告しているというのだ。また、体重では男性の60・5％、女性の64・1％がウソをついていた。さらに、年齢では男性の24・3％、女性の13・1％

が虚偽の情報を掲載していた。

この調査は男性40名、女性40名の合計80名を募り、ネット掲載情報と免許証の情報を比較するかたちで行われた。ウソかどうかは、身長では0・5インチ（約1・27センチメートル）以上、体重では5ポンド（1ポンド＝約453・6グラムなので5ポンドは約2・3キログラム）以上、年齢は1歳以上の差があるかどうかを基準として判定したという。

また、調査会社アイシェアが10年8月に発表したインターネット調査結果（対象は20～40代の男女415人〈男性52・8％、女性47・2％〉。調査期間は8月3～6日）によると、「身近な人には言えない、墓まで持って行きたい秘密があるか？」という問いに対して、「ある」と回答した人が42・2％と5人に2人に上ることが分かった。

「秘密がある」と回答した人に対して、その秘密が何関連かを聞いた質問では、恋愛関連がトップで57・1％を占めた。

この調査では「身近な人に言えない秘密を、自分の知らない人に匿名で打ち明けられるなら打ち明けたいか？」ということも質問しているが、それについては82・3％の人が「打ち明けたくない」と回答した。つまり、プライバシーに関する事柄については、多くの人が誰にも（たとえ統計の調査員であろうと）話したくないと思っているのだ。

具体的にどのような統計調査に虚偽申告によるバイアスがかかりやすいかと言えば、「下半身」に関する調査が圧倒的に多い。

たとえば、男性を対象とした童貞率の調査には下方バイアスがかかりやすいと指摘されている。多くの男性は自分が実際には童貞であっても、恥ずかしいという理由からそれを隠そうとする傾向があり、その結果、童貞率の数字が下振れしやすいのだ。国立社会保障・人口問題研究所の『結婚と出産に関する全国調査』の結果によると、30歳から34歳までの独身男性で異性との性交渉を持ったことのない人（中年童貞）の割合は05年で24・3%となっているが、回答の中に虚偽申告が紛れ込んでいることを踏まえると、実際には30%を超えている可能性が高い。

また、夫婦のセックスレスに関するアンケート調査にしても同様で、セックスレスの夫婦は、セックスレスの事実を隠そうとするので、セックスレス夫婦の割合の数字には下方バイアスがかかりやすい。

日本人のセックス回数はなぜ世界最下位か

さらに、年間のセックス回数に関する国際調査の結果にも、文化的・民族的な差異を背景としたバイアスがかかりやすい。

たとえば、英国のコンドームメーカー「デュレックス」が発表したアンケート調査『Sexual Wellbeing Global Survey 2007/2008』（調査は06年7月から8月にかけて実施、調査対象は全世界で2万6000人）によると、日本人の年間のセックス回数は48回であった。この数字は比較可能な26カ国中で最下位。日本が最下位になるのは3年連続である。ちなみに、第1位は南欧のギリシャで、年間のセックス回数は164回となっている。

ただし、このアンケート調査の結果をもって、「日本人はセックスに対してきわめて消極的である」とただちに結論づけることはできない。

まず、そもそもの話として、この調査はインターネットによるアンケート形式となっているので、それによってサンプルが各国の母集団の特性を十分に反映していない可能性がある。

また、この調査はセックスの回数やセックスの満足度など「性」に関する意識を様々な角度から聞いているので、調査の結果には「性」に対してオープンかクローズかという文化的・民族的な違いも強く影響してくるだろう。

世界的にみて、日本人は「性」に関する個人情報をクローズする傾向が強い（セックスの話をおおっぴらにしない）ので、日本人の回答者が質問に対して、実際よりも控えめの数字を回答している可能性は高い。日本では周りの人がどれぐらいセックスしているかという情報があまり出てこないので、「もしかしたら、自分のセックスの回数は他の人に比べて多すぎるのではないかしら？」と不安になり、「性」に関して慎ましいという日本人のイメージを崩さないように、アンケートに控えめの数字を記入してしまうのだ。逆に、「性」に対してオープンな国の場合には、回答者が現実よりも誇張した数字を記入する可能性が高いと言える。

日本のようにセックスに関してクローズな国はセックス回数に下方バイアスがかかりやすく、逆にオープンな国はセックス回数に上方バイアスがかかりやすくなるので、両者の数字は大きく乖離《かいり》することになってしまう。

さらに、性風俗産業が発達しているかどうかも、アンケートの回答結果を左右する要因となる。質問は、「恋人や夫婦間でのセックスの回数」を聞いているので、性風俗産業で遊んでいる男性の場合、実際にはセックスの回数が多いのに、それがアンケート調査の結果には反映されないということになる。その点、日本は国際的にみて性風俗産業が発達しているほうなので、その分だけ、セックス回数の数字に下方バイアスがかかっている可能性は高いと言えよう。

もちろん、日本では働きすぎなどの問題が深刻化しているので、現実に日本人のセックス回数は他国に比べて少ないかもしれないが、アンケートの結果に現れた数字は少し誇張されている可能性が高いということだ。

このような事情から「下半身」に関する調査の結果をみる場合には、ある程度の幅を持って解釈をする必要がある。

コンマ以下を争っても実は誤差のほうが大きいテレビ視聴率

テレビ関係者が数字を上げようと必死になる視聴率。しかし、この視聴率は、統計的に必ずしも精度の高いデータとは言えない。ここで、視聴率がどのように作り出されているかをみておこう。

視聴率とは、テレビを所有している世帯のうちどれだけの割合がテレビの番組やCMをみているかを調べたものだ。

現在、日本のテレビ番組、CMの視聴率の集計は、ビデオリサーチ社が一手に担っている。視聴率を計算するにあたって、テレビを保有している全ての世帯を調査することはできないので、サンプル調査が行われる。

ビデオリサーチ社は全国27の調査エリアでオンラインシステムを使った視聴率調査をしている。気になる調査対象世帯の数だが、関東地区・関西地区・名古屋地区がそれぞれ600世帯、それ以外の地区はそれぞれ200世帯で、合計6600世帯となっている。関東地区だけでも1702・2万世帯が自家用テレビを保有しているので、関東地区のサンプル600世帯は全体のわずか0・004%にすぎない。たったこれだけの比率の世帯数をもとに、視聴率が集計されているのだ。

関東地区のサンプル数600世帯の場合、計算された視聴率にどれだけの誤差が生じるのだろうか。視聴率が10%と出た場合には、プラスマイナス2・4%の誤差を考える必要がある（95%の信頼度）。また視聴率が50%と出た場合には、誤差が最大でプラスマイナス4・1%まで広がってしまう（95%の信頼度）（図表1－1）。

どのテレビ番組、CMも小数点以下の細かい数字で、激しい視聴率の順位争いを繰り広げているが、視聴率のカラクリを調べると、実は、誤差の範囲で片付けることができる程度のケースが非常に多いということになる。

一方、ラジオには聴取率というものがある。ラジオの聴取率調査も視聴率と同様、ビデ

図表 **1-1** 調査対象600世帯の視聴率に生じる最大の誤差

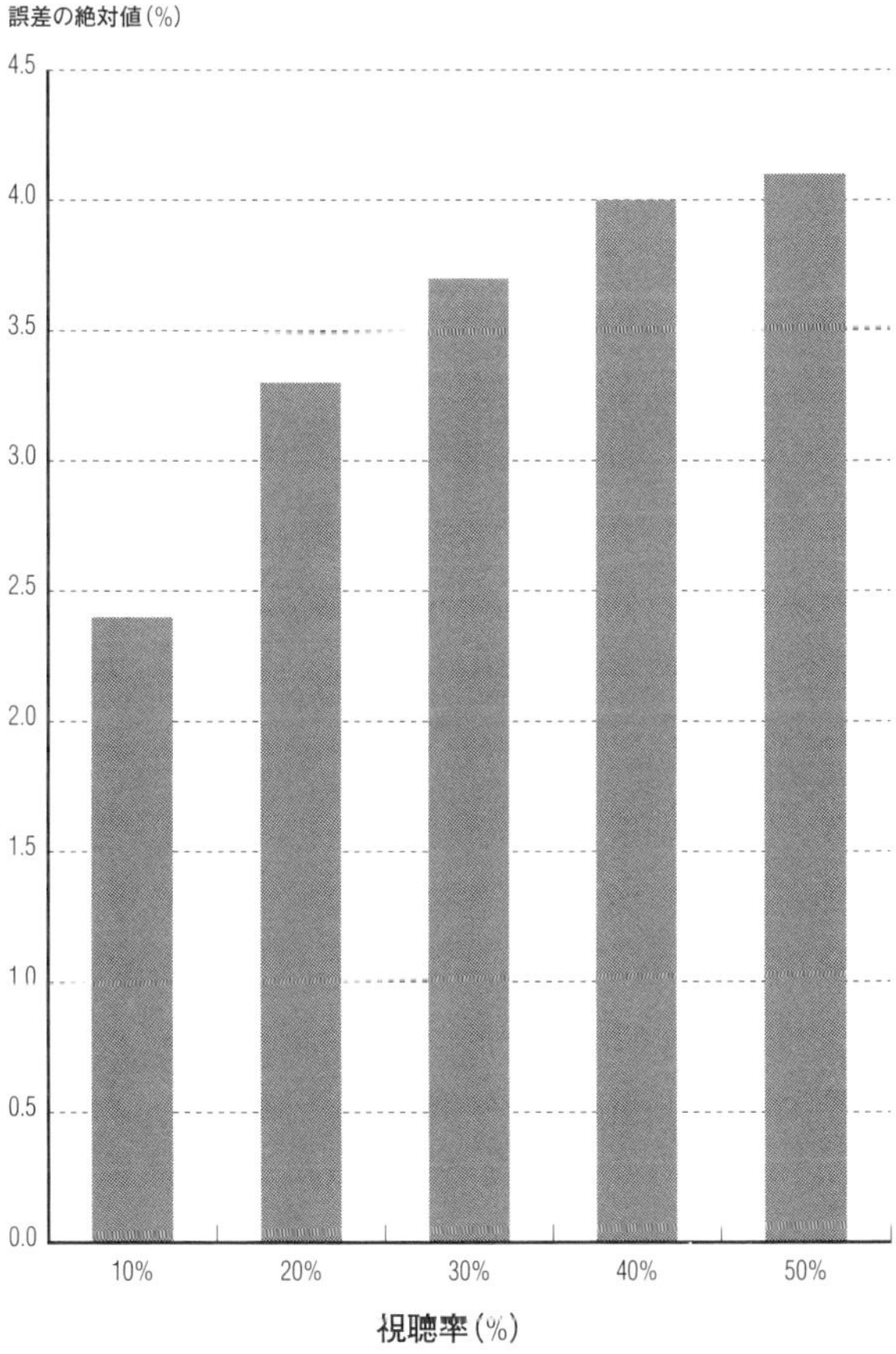

（出所）ビデオリサーチ資料より作成

オリサーチ社によって行われているが、調査方法は視聴率と聴取率では異なる。視聴率の場合は、テレビに専用の測定器（視聴率メーター）を取り付けて調べるのだが、ラジオではそのような調査方法をとることができない。

なぜかというと、ラジオは車の中や通勤途中など様々な場所で聴かれるので、特定のラジオに測定器を取り付けての調査では正確な数字をつかむことができないからだ。

このため、ラジオの聴取率調査では、サンプル対象に調査票を送付し、この調査票に記入してもらう方式をとる。調査票は持ち運びに便利なよう手帳サイズになっている。

サンプル対象は、首都圏、関西圏、中京圏に分けて、それぞれ12歳から69歳までの個人3000人が選ばれる（無作為系統抽出法による）。テレビの視聴率調査は世帯単位でサンプルを抽出するが、ラジオは個人で聴くケースが多いため、個人単位でサンプルを抽出している。

ラジオ聴取率の調査は毎月行われているわけではなく、首都圏では年6回（偶数月）、関西圏と中京圏では年4回（4月、6月、10月、12月）という頻度だ。1回の調査は1週間から2週間程度かけて行われる。このため、聴取率の調査期間になると、各ラジオ局は聴取率アップを目指してプレゼント企画やキャンペーンなどを増やすようになる。

では、ラジオの聴取率はどの程度信頼できるのだろうか。聴取率調査への協力者には「薄謝《はくしゃ》」が支払われるということだが、「薄謝」で、細かい調査票にどれだけ正確に記入してくれるか不透明な部分も多い。テレビのように測定器を使って計測するほうが正確なので、一部の国では外出先でもラジオの聴取率が取れる仕組みを導入している。たとえばスイスでは、調査対象者に装置を取り付けた腕時計をしてもらい、流れてくる音をすべて記録するという方式で聴取率を集計している。記録した音声をラジオの全番組の音声データと照合することで聴取率を算出する。

第2章 数えられないものを無理矢理数える

——カウントのカラクリ

「東京ドーム満員5万6000人」のサバ読み

第2章では、スポーツの観客動員数やイベントの入場者数、野生動物の生息数など数の数え方に関係した統計数字の推計方法を紹介しつつ、その数字の正確性に検討を加えていきたい。

最初に、プロ野球の観客動員数の数字についてみておこう。日本のプロ野球の観客動員数は、2004年のシーズンまで、かなり長い期間にわたって不正確な数字が堂々と発表されていた。

というのも、プロ野球の観客動員数はチケットの販売状況から把握するのではなく、各球団の営業担当者が試合当日のスタンドを見渡して、「今日は満員みたいだから＊＊人」「今日は外野席が少し空いているようだからいつもよりはちょっと少なめで＊＊人」といったアバウトな感じで集計していたからだ。

しかも、ほとんどの球団は、観客動員数を実際よりも過大に見積もって発表していた。なぜ各球団は観客動員数を過大に見積もっていたのだろうか。実はプロ野球では、まだそれほど人気でなかった時代に、景気づけのために実際より多めに観客動員数を発表するという習慣があったのだが、その習慣がずっと残ってしまったのだ。

たとえば、消防当局に届け出されている東京ドームの定員は立ち見の客も合わせて４万６３１４人なのだが、１９８８年のオープン当初から満員のときにはなぜか５万６０００人と１万人も多く発表されていた（95年からは５万５０００人）。

また、各球団の運営が有料の入場者数（実収入）に左右されない体質になっていたことも、観客動員数の水増しやサバ読みを助長した側面がある。日本では、長い間各球団が親会社の宣伝媒体という位置づけになっていたため、有料の入場者数（実収入）が減って経営が悪化しても、親会社が赤字を補塡《ほてん》してくれた。だから、観客動員数を正確にカウントするというインセンティブが働かなかったのである。

その点、米国の大リーグでは、各球団が独立採算の企業になっているので、球団を運営していくにはいかに有料の入場者数（実収入）を増やすかが重要になる。このため、まずは正確な入場者数を把握しておかなければという流れになり、信頼度の高い観客動員数の数字が発表されている。

水増しした数字の発表に対する批判が相次いだことから、05年のシーズン以降、各球団は、チケットの販売状況などを踏まえて、実態を反映した観客動員数を発表するようになった。

セ・リーグとパ・リーグの観客動員数の推移をみると、両リーグとも04年シーズンから05年シーズンにかけて観客動員数が大きく落ち込んでいる様子が分かる(図表2-1)。

この落差の部分が水増ししていた観客動員数と捉えることができるだろう。セ・リーグでは約210万人、パ・リーグでは約243万人、両リーグ合わせて約453万人が水増しされた観客ということになる。

453万人と言えば、観客動員数全体の2割に匹敵する規模で、これは誤差の範囲では済まされない大きさである。

プロ野球でどこかのチームが優勝すると、民間のシンクタンクがその経済効果を発表することが多いのだが、経済効果を算定する際の前提条件としても、各球団が発表する観客動員数が使われていたため、05年よりも前に発表された経済効果の数字も間違っていたということになる。

透明性を売り物にしていたはずのJリーグよ、お前もか

サッカーの入場者数の数字は正確と言えるのだろうか。先ほど述べた通り、プロ野球で

図表 2-1 | セパ両リーグの観客動員数

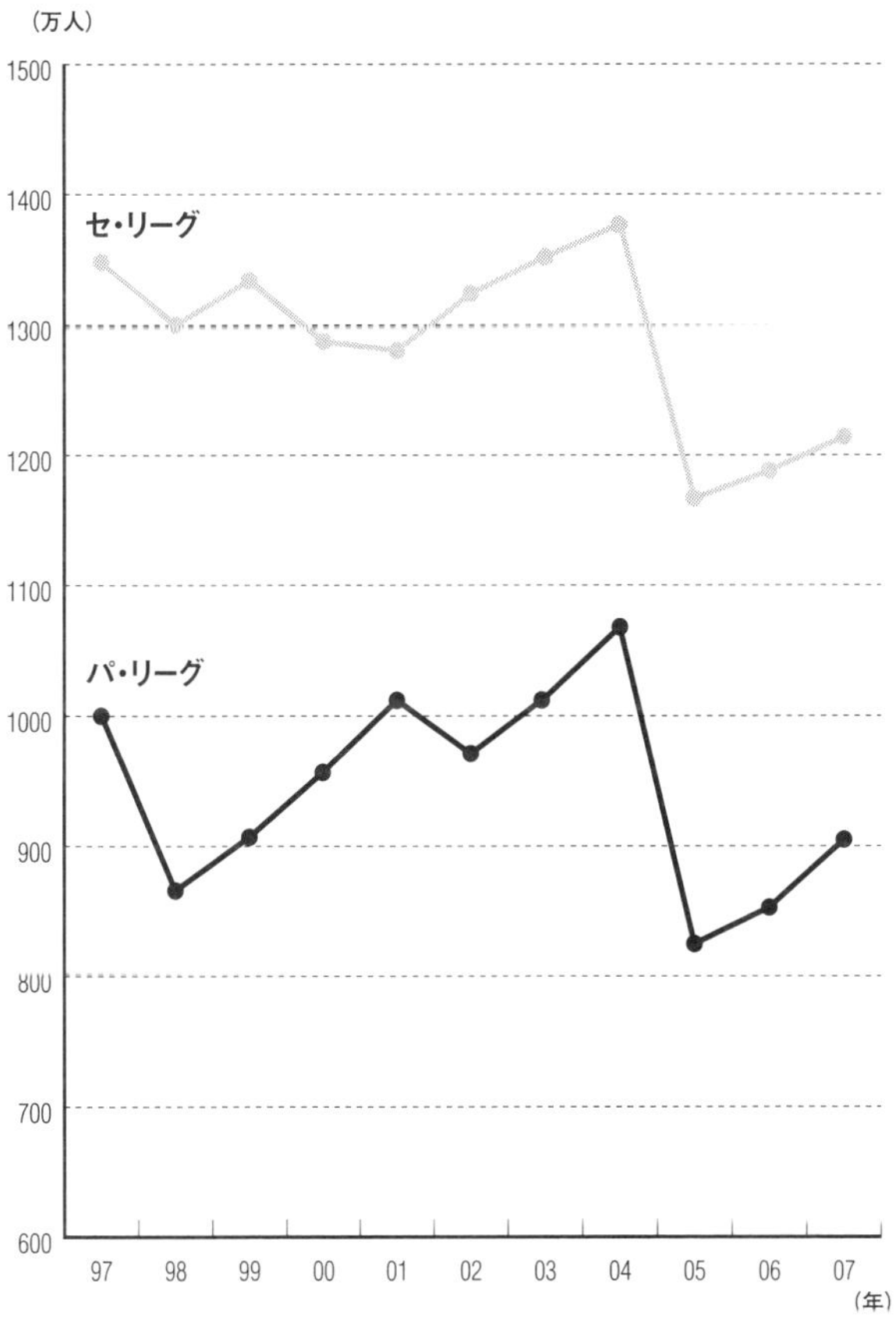

(出所)報道発表資料より作成

は05年のシーズンから正確な観客動員数をカウントするようになったが、サッカーのJリーグはプロ野球よりずっと早い93年の開幕時点から、スポンサーの信頼を得るために、統一基準に基づく正確な入場者数の数字を発表するようにしていた。

しかし最近、サッカーのJリーグ1部（J1）の大宮アルディージャが入場者数の水増しをしていたことが発覚し、大きな問題となっている。

水増し事件発覚のきっかけとなったのは、10年10月2日に埼玉スタジアムで行われた大宮アルディージャ対浦和レッズの試合である。

この試合を主催した大宮アルディージャは、当日の入場者数を3万3660人と発表した。しかし、外部からの指摘により数字が水増しされているのではないかとの疑惑が浮上。Jリーグが実態調査に乗り出したところ、Jリーグの統一基準に基づく実際の入場者数は大宮アルディージャの発表より4085人も少ない2万9575人であることが判明したのだ。

その後、Jリーグ側が過去の入場者数についても数字を水増ししていないか確認したところ、大宮アルディージャは、07年11月以降の主催試合で常態的に入場者数の水増しをしていたことを認めた。大宮が主催した全試合で水増しが行われ、水増しの累計は11万58

22人にも上った(10年10月2日の試合を含む)。主催試合1試合につき、約17・8%も入場者数を多めにカウントしていたということだ。

では、大宮アルディージャはどのように水増しをしていたのか。Jリーグの統一基準では、入場者数のカウントは一般ゲートの通過者と貴賓席などの特別席、車椅子観戦者(介助者を含む)を合算することになっている。しかし、大宮アルディージャは、試合前にスタジアムやその周辺で開かれていたイベント参加者も入場者数に含めてカウントしていた。つまり、観戦したかどうか分からない人まで入場者数に含まれていたということである。

大宮アルディージャ側は、「07年春に、09年までに年間入場者数を30万人にするという自主的な数値目標を打ち出していたが、この目標をなんとか達成しなければならないという焦りが(達成できなければ支援の縮小やサポーター離れにつながるため)、数字の水増しへとつながった」と弁明している。

大宮アルディージャの社長は、この事件の責任をとって辞任することとなった。また、入場者数の計算を行っていたクラブの幹部2名も解任されるという前代未聞の事態に発展した。

今回の水増し事件の発覚によって、Jリーグの信用そのものが傷つけられてしまった。

正確な数字の発表を続け、透明性を高める努力をしてきた他のJリーグ加盟クラブにも少なからず迷惑がかかることになるだろう。

入場者数が前回の半分以下に減った大阪国際見本市

スポーツの世界だけでなく、イベントの入場者数など、私たちの身近なところでも水増しされた数字、サバを読んだ数字がまかり通っているケースがあるので、イベントの主催者などが発表した数字だからといって、入場者数の数字をそのまま鵜呑みにするのはとても危険だ。

イベント関係で、入場者数の水増しが判明して問題になったのが、大阪国際見本市である。大阪国際見本市は1954年以降、隔年のペースで開催されていたのだが、これまでは入場者数を入場券の半券で集計するだけでなく、再入場者数や出展者も入場者数に加え、さらに会場の混雑度合いや前回の入場者数を参考にするなどかなり主観的かつアバウトな方法で推計していた。

06年になって、入場券の半券のみで集計する方法に変更したところ、入場者数は約5万5000人（4日間開催）で04年の実績（約13万5000人、4日間開催）の半分以下に激減することとなった。つまり、過去50年の入場者数の実績は、実際よりも大げさに発表されていたということだ。

長年にわたって大阪国際見本市の入場者数が過大に推計されていた理由として、イベントに出展する企業側に対して集客効果をアピールするために、わざと水増しした入場者数を発表していたのではないかとの見方もある。

初詣参拝客数の発表が中止になった!

09年の正月三が日の初詣参拝客数は全国で約9939万人に上り、前年に比べて121万人の増加になったという（警察庁『新年の人出と年末年始の登山者に対する警備措置について』による）。この数字は、統計を取り始めた1974年以降で過去最多の記録だ。ちなみに参拝客数の全国ベストテンは次ページに示した通り（図表2-2）。

09年に初詣参拝客数が増えたのは、天候に恵まれたことと、曜日の配列が良かったこと、リーマンショック後の不景気で神頼みをしたいと考える人が増えたことが重なったからではないかとも分析されている。

初詣の参拝客数に関するニュースは、たいして気に留めることもなく聞き流してしまう

図表 2-2 初詣参拝客数のベストテン(2009年)

順位	神社・仏閣	都道府県	参拝客数
1	明治神宮	東京都	319万人
2	成田山新勝寺	千葉県	298万人
3	川崎大師	神奈川県	296万人
4	伏見稲荷大社	京都府	277万人
5	鶴岡八幡宮	神奈川県	251万人
6	浅草寺	東京都	239万人
7	住吉大社	大阪府	235万人
7	熱田神宮	愛知県	235万人
9	大宮氷川神社	埼玉県	205万人
10	太宰府天満宮	福岡県	204万人

(出所)警察庁資料より作成

かもしれないが、神社・仏閣の初詣の参拝客数はいったいどのような方法で数えているのだろうか。

05年1月以降、初詣の参拝客数は、警察庁が全国の神社・仏閣に聞き取り調査を行ったうえで、警察庁のまとめとして発表されてきた（それより以前は、一部で警察庁が独自に集計した数字も含まれていた）。

しかし、警察庁の聞き取り対象となっている個々の神社・仏閣の参拝客数のカウント方法はまちまちで、統計数字の精度や正確性については以前から疑問が投げかけられていた。

個別の神社・仏閣の人数の数え方を紹介すると、たとえば、三重県の伊勢神宮では、昔から入り口のところで参拝客数を一人一人目視によって数えていくといった方法がとられている。長野県の善光寺では、本堂内陣などへの入場券の枚数や駐車場に停められた車の数をもとに参拝客数を推計している。

一方、ロープで区切って人の流れを誘導している神社・仏閣では、ロープで区切った範囲内にどれだけの人数がいるかを数えて、それにロープで誘導した回数を掛け合わせて、全体の参拝客数を推計するといった方法をとっているところもある。

人出の多い神社・仏閣の場合には、地元の警察が警備を担当するため、参拝客数の集計も地元の警察が行う。人出の多いところは事件や事故が発生しやすく、どうしても警察の協力が必要になる。

たとえば、参拝客数が全国第1位の明治神宮（東京都渋谷区、09年の参拝客数は約319万人）では、代々木警察署が中心となって南、西、北の入り口ごとに分かれて、警察官が入場者数を10人単位でまとめてカウントしているという。人数のカウントは計測器（カウンター）を使って行う。

毎年きちんと集計している神社・仏閣は良心的なほうで、とくにこれといった集計方法がなく人の埋まり具合をみて感覚的に「だいたいこれぐらい」というアバウトな数字を発表しているところも少なくない。

このように全国各地でバラバラの方法で初詣の参拝客数を集計しているため、その数を単純に足し合わせて、全国の数字を算出しても、実はあまり正確な数字とは言えない。毎年全国の参拝客数を集計して「増えた」「減った」と騒いでも、個別の調査方法の違いや誤差の大きさを考えると、それほどあてになる数字ではないということである。

そうした事情もあって、現在は初詣参拝客数の全国集計の数字は発表されていない。

「主催者が独自に調査・発表した統計数字をまとめたものであって、警察庁では数字の正確性について責任を取れない」という理由から、警察庁は10年1月から初詣の参拝客数の集計と発表を取りやめたのだ。

観光地の客数は集計者の勘と経験で決まっていた?

続いては観光客数の数字について。前原前国土交通相が19年までに訪日旅行者数を年間2500万人に増やすという目標を掲げるなど、日本政府は「観光立国」を新成長戦略の柱として位置づけている。

ただ、「観光立国」を実現すべく外国人観光客数の数値目標を打ち出しても、そのベースとなる観光統計が正確なものでなかったら、あえて数値目標を打ち出す意味は薄れてしまう。現状の観光客数の前提が崩れてしまっては、「観光立国」実現のための戦略を練ることすらままならないだろう。

その点、実はこれまでの日本国内の観光統計は、お世辞にも正確とは言い難いものであった。ではなぜ、日本の観光統計は正確とは言えなかったのだろうか。

それは、観光で地方を訪れた人の数をそれぞれの自治体が独自の手法で集計していたからにほかならない。たとえば、ある地域では主要観光地を訪れた人の数を全て積み上げて算出していた。また、別の地域では、アンケート調査によって地域外と地域内の客数の比率を出して、地域外比率に観光地を訪れた延べ人数を掛けて観光客数を推計していた。さらに、飛行機や電車などの交通機関を使って流入した人の数から観光客数を算出していた地域もある。

しかも、どの観光施設や地点を訪れれば、それを観光客としてカウントするかは各市町村が自由に選択・決定していた。お祭りや花火大会などのイベントにどの程度の人が参加したかは、「まあ、だいたいこんなもんだろう」といった職員の「勘」や「経験」ではじき出していた自治体もあった。

集計期間も1月から12月までの暦年ベースで発表している地域と、4月から翌年3月までの年度ベースで発表している地域に分かれていた。

このように観光客数が地域ごとに別々の方法で集計されていたので、地域別に観光客数の多寡を比較することもできなかったのである。

こうしたお粗末な集計・推計方法の実態を鑑みて、観光庁は09年度に観光客数を集計するための統一基準を作成した。そして、10年度からは、基本的に各都道府県が観光庁の定めた統一基準に沿って、観光客数を把握し始めている。

統一基準の内容は、調査対象となる観光地を「年間の観光客数が1万人以上、もしくは特定の月に5000人以上が訪れる地点」と定義し、都道府県ごとに地域内客数と地域外客数に分けて調べるというもの。また、お祭りや花火大会などのイベント参加者についても、主催者の「勘」や「経験」に頼らない客観的な方法で推計して、全体の観光客数に加算していく。観光客の食事や宿泊代など旅行先での消費金額も算定する。このように統一基準で推計された観光客数の統計は、観光庁から3カ月ごとに年4回公表される予定だ。

観光客数の集計方法を全国で統一することで、今後は観光客数の数字をより正確に把握できるようになり、全国まとめの数字の活用も可能になる。また、都道府県間での比較もできるので、各自治体が観光誘致戦略を練りやすくなる。さらに、観光統計の公表の頻度が四半期ごとになれば、新型インフルエンザの流行など突発的な事象が発生したときの影響を把握しやすくなるといったメリットもある。

ただし、新しく決めた統一基準をもとに観光客数の推計を始めると、過去のデータとの接続が事実上不可能となるため、短期的には過去に比べて観光客数が増えているのか、あるいは減っているのか、その趨勢《すうせい》をつかむことができなくなってしまうといったデメリットが出ることも指摘されている。奈良県の場合、宿泊客数の統計を新しい調査方法に変更したところ、09年の県内延べ宿泊客数の数字（256万7000人）が旧来の調査方法に基づく08年の推計値（350万5000人）に比べて大幅に減少することになった。この大幅な数字の乖離は、もちろん宿泊客の減少によるものではなく、調査方法の変更によるものだ。

また、観光庁の統一基準にある「年間の観光客数が1万人以上、もしくは特定の月に5000人以上が訪れる地点」には満たない観光施設をたくさん抱えている地域もあり、そうした地域では観光客数のデータが極端に少なくなってしまうといった問題も出てくる。

さらには、自治体によっては精度の高い統計を出すために、職員の数を拡充しなければならないところもあり、財政的な事情から統一基準で統計を作成することが困難になるといった懸念もある。

80年経って3万7000人減った関東大震災の犠牲者数

23年（大正12年）9月1日に発生した関東大震災。この大地震による死者・行方不明者の数は14万2000人余りというのが従来の「定説」だった。

死者・行方不明者数の根拠となっていたのは、今村明恒・東京帝大教授が調査した結果だ。今村教授が監修に参加し、25年に刊行された『震災予防調査会報告100号』の中では、死者が9万9331人、傷者が10万3733人、行方不明者が4万3476人と記載されている。死者と行方不明者を単純合計すれば、14万2000人余りとなる。

その後、この数字は「定説」となり、学校の歴史教科書や国立天文台が編集する『理科年表』(丸善が発行)にも約14万2000人という数字が記載され続けてきた。

しかし、震災発生から80年が経過した03年頃、大手ゼネコン・鹿島建設の武村雅之・地震地盤研究部長らの実態調査によって、この「定説」は覆されることとなった。実際の関東大震災による死者・行方不明者は、「定説」よりも約3万7000人も少ない10万5000人余りであったことが判明したのだ。

なぜ、これだけ長い時間が経過して犠牲者の数が大幅に下方修正されることになったのかと言えば、焼死者の一部が行方不明者としてもダブルカウントされていたからである。

関東大震災では性別すら判別することのできない焼死者が約3万7000人いたとみられる。これらの焼死者は死者として記録に残されたが、焼死したことを知らない犠牲者の親族は行方不明者として捜索願を出しているので、焼死者は行方不明者としても記録される。したがって、約3万7000人が2度統計にカウントされていたというわけだ。実際、鹿島の武村氏らが当時の統計を詳細に調べた結果、死者数に含まれる「性別不詳の遺体」の数と行方不明者数に含まれる「捜索願の届出数」の数がほぼ一致していた。

また、武村氏によると、犠牲者だけでなく全壊・流失・焼失した家屋数も過大になっていた可能性が高いという。当時は、被害に遭った家屋数を世帯単位で集計していたため、アパートなどの集合住宅に複数の世帯が入っているような場合、本来アパート1軒の被害が世帯数分のアパートが被害に遭ったように集計されてしまう。こうしたダブルカウントを取り除くと、たとえば全半壊の家屋数は「定説」とされる25万4000棟余りから21万1000棟余りに下方修正されるということだ。

武村氏らの実態調査の結果を受けて、『理科年表』は05年11月に発行した06年版以降、犠牲者の数字を「14万2000人余」から「10万5000人余」に修正した。数字の修正は26年版以来80年ぶりのことである。現在では内閣府の『防災白書』など他の報告書においても「10万5000人余」という数字が採用されている（図表2-3）。

ところで、ダブルカウントによる誤差の問題は関東大震災に限った話ではない。明治時代から昭和初期頃までは、死者と行方不明者の線引きがはっきりしていなかった時代なので、この時期に発生したその他の自然災害の犠牲者数についても、死者と行方不明者がダ

図表 2-3 日本の主な被害地震

災害名	年月日	死者・行方不明者数(人)
濃尾地震	1891年10月28日	7,273
明治三陸地震津波	1896年6月15日	約22,000
関東地震	1923年9月1日	約105,000
北丹後地震	1927年3月7日	2,925
昭和三陸地震津波	1933年3月3日	3,064
鳥取地震	1943年9月10日	1,083
東南海地震	1944年12月7日	1,223
三河地震	1945年1月13日	2,306
南海地震	1946年12月21日	1,443
福井地震	1948年6月28日	3,769
十勝沖地震	1952年3月4日	33
チリ地震津波	1960年5月23日	142
新潟地震	1964年6月16日	26
十勝沖地震	1968年5月16日	52
伊豆半島沖地震	1974年5月9日	30
伊豆大島近海地震	1978年1月14日	25
宮城県沖地震	1978年6月12日	28
日本海中部地震	1983年5月26日	104
長野県西部地震	1984年9月14日	29
北海道南西沖地震	1993年7月12日	230
兵庫県南部地震	1995年1月17日	6,437
新潟県中越地震	2004年10月23日	68
岩手・宮城内陸地震	2008年6月14日	23

(出所)内閣府『防災白書』(平成21年版)より作成

ブルカウントされている恐れがある。

災害の犠牲者について当時の詳細なデータがいまなお残存している場合には、ダブルカウントの問題がないか再検証してみる必要があるかもしれない。

ウェブサイトの訪問者数はそもそもカウント不可能

ＩＴ（情報技術）の世界ではどのように数を数えているのだろうか。世の中にはグーグルやヤフーなど様々なウェブサイトがある。企業や個人が開設したホームページも数え切れないほど存在する。

こうしたウェブサイトの人気を測る指標のひとつにユニーク・ビジター数というものがある。ユニーク・ビジター数というのは、一定期間内にウェブサイトを訪れた人を重複カウントすることなく集計した数のことを指す。

たとえば、１人の訪問者が一定期間に同じウェブサイトを１００回訪れても、ユニーク・ビジター数は1とカウントされるようになっている。

ウェブサイトを訪れた人が、ユニーク・ビジターであるかどうかは、通常ＩＰアドレス（コンピューターや通信機器1台1台に割り当てられた識別番号）に基づいて判断するようになっている。

ウェブサイトを持つ企業の多くは、独自にユニーク・ビジター数を集計し、自社のサイトがどの程度の人気なのかを把握するのに利用している。また、米国のニールセン社やコムスコア社のように各ウェブサイトのユニーク・ビジター数を専門に調査している機関もある。

ところで、このユニーク・ビジターの数字はどこまで信用できるのだろうか。残念ながら、ユニーク・ビジターの数字はそれほど正確なものとは言えない。というのも、そもそもの話としてＩＰアドレスをもとにユニーク・ビジター数を正確に把握することは不可能だからだ。

ＩＰアドレスに基づいてユニーク・ビジター数を把握することがいかに難しいかは、次のような事例を考えてみればいい。

たとえば、インターネットカフェ。ネットカフェ内にはインターネットに接続されたパソコンが置かれている。ここで、１カ月間にネットカフェにある1台のパソコンを１００人の人が利用したとしよう。１００人が利用しても、特定のパソコンに割り当てられているＩＰアドレスはひとつしかないので、１カ月間のユニーク・ビジター数は１としかカウントされない。つまり、この場合、実際のユニーク・ビジター数は過小に集計されていることになる。

一方、ある人は会社と自宅にインターネットにつながるパソコンがある。この人が会社でお気に入りのウェブサイトにアクセスした後、家に帰ってから自宅のパソコンでも同じウェブサイトにアクセスしたらどうなるだろうか。同じ人が利用しているのだから、本来、ユニーク・ビジター数は1とカウントされるべきであるが、2つのIPアドレスからアクセスしていることになるため、ユニーク・ビジター数は2とカウントされてしまう。つまり、この場合、実際のユニーク・ビジター数は過大に集計されているということになる。

ユニーク・ビジター数の統計が怪しげであることは、ニールセン社とコムスコア社という米国の2大調査会社が発表する人気ウェブサイトのユニーク・ビジター数にかなりの違いが生じていることからも明らかである。ユニーク・ビジターの数字をみる際には、ある程度の幅を持って解釈するのが賢明だろう。

エゾシカの生息数はどうやって数えているのか

野生動物の生息数の数え方についてもみておこう。北海道では、エゾシカが農作物を食い荒らすことによる農林業の被害が深刻化している（図表2-4）。09年度の農林業被害金額は過去最大の50億円超に上ったとみられる。

エゾシカは繁殖力が非常に強い野生動物で、外敵がいないと瞬く間に生息数が増えるという特徴がある。このため、農林業の被害額を抑制するには、一定数を捕獲するなどして人為的にエゾシカの生息数をコントロールする必要がある。

そして、個体数の管理を行うためには、その前段階としてエゾシカの生息数を正確に把握しておかなければならない。

北海道自然環境課の発表によると、09年度におけるエゾシカの生息数は推定で約64万頭に上り、過去最多を記録したということだ。個体数は西部地域を中心に年率20％の速いスピードで増加している。

では、北海道自然環境課は、いったいどのような方法を使ってエゾシカの生息数を把握しているのだろうか。

実は、エゾシカの生息数は、正確にはよく分かっていないというのが実情である。生息数は、ヘリを飛ばした調査で推定した93年度の生息数（北海道東部で約20万頭）を基準にして、その時点からの毎年の増減で全体の生息数を延長推計して算出しているという。た

図表 **2-4** エゾシカによる農業、林業被害額の推移（北海道）

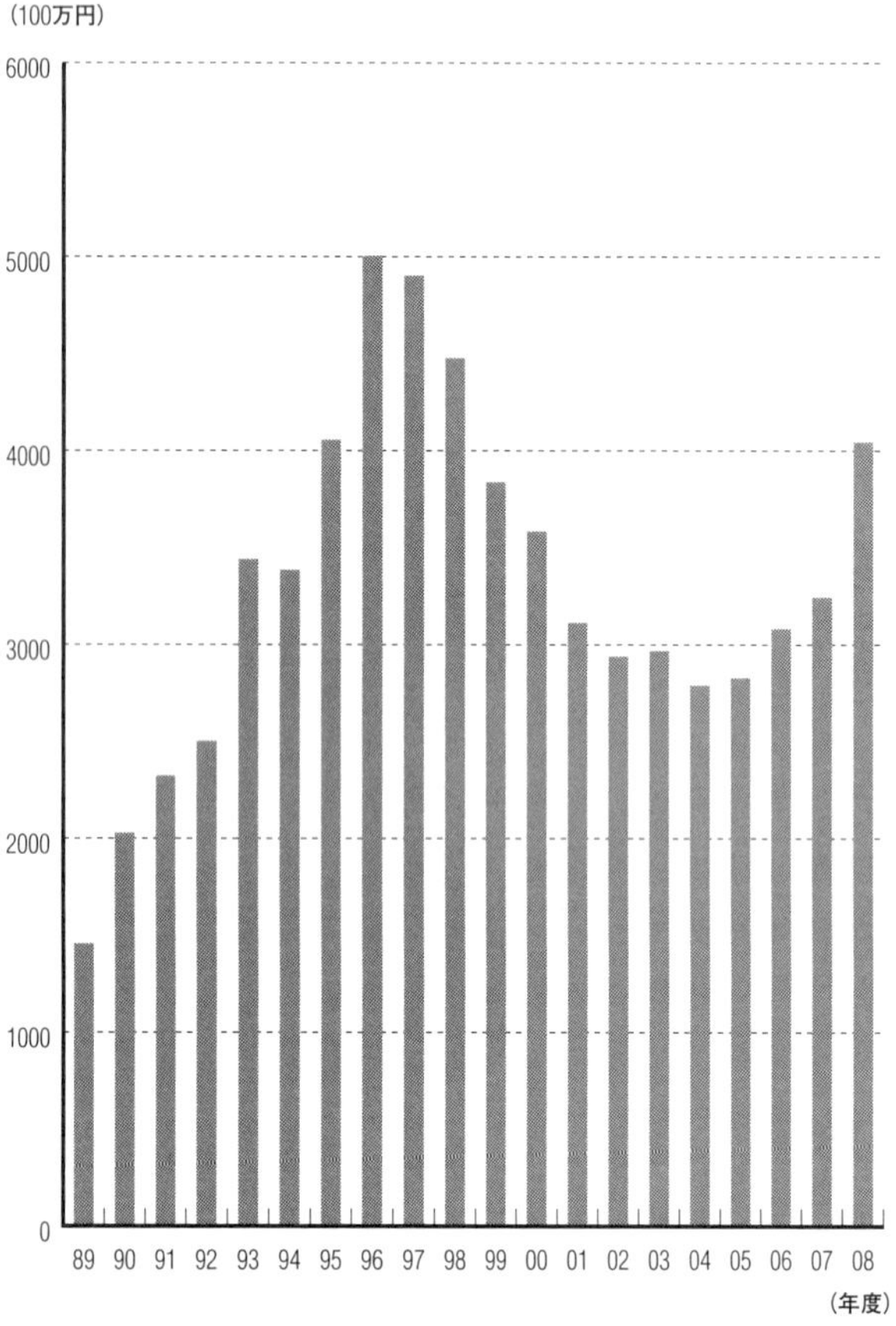

（出所）北海道自然環境課資料より作成

だし、基準としている93年度の生息数も推計値なので、延長推計を繰り返していく過程で、かなりの推計誤差が発生しているとみられ、結局、生息数の正確な数字は不明なままとなっている。

個体数の増減を把握する方法はいくつか効率的なものが開発されている。たとえば、車のサーチライトに反射するエゾシカの目を目視調査で数える「ライトセンサス調査」というものがある。「ライトセンサス調査」は、毎年10月から11月にかけて行われている。日没後に調査ルートを車で走行し（時速10キロメートルほどの低速で走行）、サーチライトで照らして光った目の数で個体数を数える。また、狩猟者1人あたりの1日平均エゾシカ捕獲数やエゾシカ目撃数のデータも活用されている。さらには、エゾシカの列車への衝突数を集計した統計も存在する（図表2－5）。これらの統計を活用することで推定生息数をはじき出しているというわけだ。絶対数ははっきり分からなくても、生息数が増えているのか減っているのか、方向性を把握することはできる。

エゾシカに限らず、野生動物の多くはその生息数を正確に把握することが難しいと言われる。エゾシカのように推定に推定を重ねることで、そのおおよその数を把握しているというケースが圧倒的に多い。近年、急減していると言われるスズメの生息数も正確な数は

図表 2-5 エゾシカの個体数（列車の支障発生件数をもとに推計したもの）

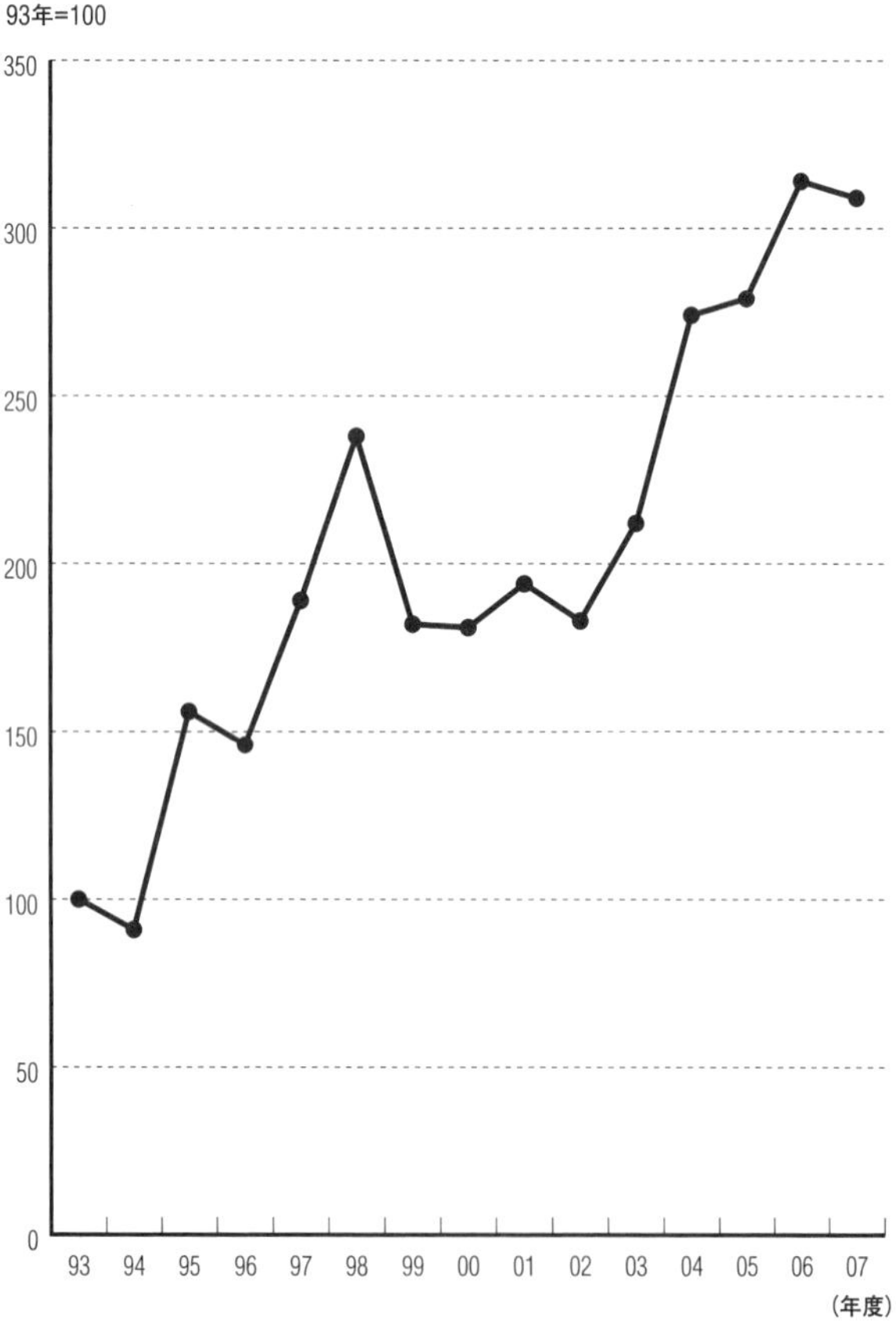

（出所）北海道自然環境課資料より作成

分かっていない。

特定の野生動物が増えすぎて農林業に被害を及ぼす場合には、駆除をして数を減らす必要があるし、逆に自然保護の観点から、野生動物の数が減りすぎないよう保護していくことも必要だ。野生動物の駆除と保護のバランスを保つためにも、鳥獣類の生息数を正確に把握できる統計的手法の開発が求められていると言えるだろう。

星の数はどうやって数えているのか

夜空に輝く美しい星。何気なく星を眺めていると「星の数はどれぐらいあって、いったいどのような方法で数えられているのだろうか？」という素朴な疑問が湧いてくる。

まず、ひとつひとつの星（正確には自ら輝く恒星）は銀河という膨大な星の集団を構成している。

そして、ひとつの銀河には、平均して約1000億個の恒星が存在すると言われている。この1000億個という数字は、地球を含む太陽系が入っている「天の川銀河」全体の恒星の数をもとに算出したものだ。「天の川銀河」の恒星の数も地球から離れた部分では観測が難しいので、実際に観測できた恒星の数と、「天の川銀河」における恒星の分布の推測から、1000億個という数字が出てくる。

では、恒星の集団である銀河はどれぐらいの数で存在するのか。宇宙の観測限界までに存在する銀河の数は1250億個と言われている。この銀河の数は米国の研究グループがハッブル宇宙望遠鏡による観測をもとに推定した結果である（99年）。

だとすれば、宇宙に存在する恒星の数は、「ひとつの銀河に存在する恒星の数（1000億個）」×「観測可能な宇宙の銀河総数（1250億個）」＝125垓《がい》個という天文学的な数字になる。ちなみに「垓」という単位は10の20乗である。

これだけでも十分に驚きの数字と言えるのだが、現実の星の数は、「少なく見積もって」125垓個なのである。

というのも、銀河の数は、観測限界の範囲内に存在するものに限られており、実際には私たちの観測限界を超えて散らばっている銀河が多数存在する。

10年3月には、英国の科学誌『ネイチャー』に、一部の領域における銀河の数が最大で90％も過少に評価されている可能性があるとする論文が発表されて専門家の間で話題となった。一般に銀河の存在は紫外線によって把握されるが、地球から遠く離れた銀河は、ガスやちりでできた星間雲が邪魔をして、その紫外線が地球に届かないからというのがその理由だ。

もし、この論文の主張が正しければ、深遠の銀河群においては観測された銀河の数の10倍の銀河が存在する可能性があるということだ。

また、ひとつの銀河に存在する恒星の数が平均して約1000億個であるかどうかも、実はまだはっきりとしていない。08年には、愛媛大学などが参加する国際共同研究チームがモンスター銀河を発見した。この巨大銀河は地球から123億光年離れたところに存在し、普通の銀河の数百倍のスピード（1年間に1000個から4000個のペース）で新しい恒星を生み出しているという。銀河の種類によっては、太陽系を含む「天の川銀河」よりもずっとたくさんの恒星が存在している可能性があるということだ。

結局、宇宙全体に存在する星の数は無限大に近く、現時点では誰にも分からない「神のみぞ知る数字」となっているのだ。

ちなみに、オーストラリア国立大学のチームが03年に発表した研究成果によると、全宇宙で観測可能な星の数は約700垓個となり、これは地球上にあるすべての砂粒の合計（約70垓個）の10倍に上るということだ。

第3章

「気の持ちよう」で決まる数字の意味

——確率のカラクリ

ロシアンルーレット、何番目だったら生き残れるか

第3章では、確率に関する様々なトピックを取り上げながら、私たちが確率の統計数字にだまされないようにするには、どうすればいいかを考えていきたい。

「ロシアンルーレット」という勇気を試すゲームがある。これは回転式の短銃に弾丸を1発だけ込め、参加者が順番に自分のこめかみに銃口を当てて引き金を引くゲームのことだ。もちろん、ロシアンルーレットは違法であり、もしロシアンルーレットで死者が出れば、参加者には未必の故意による殺人罪が適用される。

この生命を賭けた危険な肝試しゲームを行う場合、最初に引き金を引くのと、最後に引き金を引くのでは、確率的に考えてどちらが有利と言えるのだろうか。

ある人は、最初に引き金を引けば、その時点で弾丸が入っている確率は1番小さいはずだから最初に引き金を引くほうが生き残る確率は高いと考えるかもしれない。

また、別の人は、自分の順番が回ってくるまでに、誰かが死んでしまっている可能性が高いはずだから、最後に引き金を引くほうが生き残るのには有利と考えるかもしれない。

では、実際のところ、ロシアンルーレットにおいては、どの順番で引き金を引けば生存

確率が最も高くなるのだろうか。

結論から言えば、どの順番であっても死ぬ確率・生き残る確率は同じで、引き金を引く順番は生存確率に影響を与えない。

なぜ、そうなるのだろうか。数学的確率（古典確率）で考えると、ロシアンルーレットに参加して自分が死んでしまう確率は、引き金を引かなくてはならない確率と、弾丸が当たる確率の積で表される。

回転式弾倉が6発で、その中に弾丸を1発だけ込め、6人が参加するロシアンルーレットを想定すると、最初の順番の人は、弾丸が当たる確率は6分の1であるが、引き金は絶対に引かなくてはならないので、引き金を引く確率は6分の6＝1となる。両者を掛け合わせれば、死ぬ確率は6分の1と計算される。

一方、最後の順番の人は、自分が引き金を引かなくてはならない確率は6分の1（自分の順が回ってくるまでに誰かがすでに死んでしまっている可能性が高まるので）だが、順番が自分のところまで回ってくれば、確実に弾丸が入っていることを意味するので、弾丸が当たる確率は6分の6＝1である。両者を掛け合わせれば、死ぬ確率はやはり6分の1と計算される。

それ以外の順番の人も、死ぬ確率は必ず6分の1となり、結局、どの順番でも死ぬ確率は平等という評価になる。

ただし、これは1人が引き金を引いた後、そのまま次の人が引き金を引いていく順番方式でロシアンルーレットを行った場合の話である。ロシアンルーレットには、もうひとつランダム方式というものがある。ランダム方式では、誰かが引き金を引いたら、また回転式弾倉を回して、次の人が引き金を引くという方式だ。

この場合、拳銃の引き金を引いたときに弾丸が自分に当たる確率は、どの順番であっても6分の1で変わらない。しかし、引き金を引かなくてはならないほうの確率は（それまでに誰かが死んでゲームオーバーになっている可能性が高まるので）、後の順番になるほど下がっていく。

したがって、ランダム方式でロシアンルーレットを行う場合には、後の順番を選択したほうが（生き残る確率が高くなって）有利と言える。

「13日の金曜日」は本当に不吉なのか

欧米諸国では、一般に「13日の金曜日」は不吉な日とされている。「13日の金曜日」は、イエス・キリストが磔《はりつけ》の刑に処せられた日付と重なるためだ。

欧米の多くの人は「13日の金曜日」が訪れると、何か自分に不幸な出来事が起こるのではないかと恐れている。

ある調査によると、米国の場合、約1700万人から約2100万人の人たちが「13日の金曜日」を本気で恐れていると推計されている。

そして、「13日の金曜日」には、飛行機や自動車で出かけるのを控えたり、日課にしていることをしなかったりするため、1日だけで8億ドルから9億ドルの経済損失が発生するという。

では、本当に「13日の金曜日」は不吉と言えるのだろうか。確率的な側面からみると、意外な事実がみえてくる。

オランダの保険統計センター（CVS）が、08年6月12日に発表したレポートによると、「13日の金曜日」は不吉どころか、13日に重ならない金曜日に比べてむしろ安全であることが分かった。

CVSは、過去2年間の金曜日に、オランダの保険会社が受けた交通事故の報告件数を調べた。その結果、全ての金曜日の事故報告件数は1日あたり7800件、それに対して

「13日の金曜日」の事故報告件数は1日あたり7500件であることが分かった。つまり「13日の金曜日」のほうが事故の発生が相対的に少ないということだ。ちなみに、ある月の13日が金曜日と重なる統計的な確率は7分の1である。

ただ、なぜ「13日の金曜日」が確率的に安全であるのかという理由は、はっきりとは分かっていない。「13日の金曜日」に事故や火事、盗難の発生件数が少なくなるのは、人々が不吉なことを恐れるあまり、異常に注意深くなったり、外出を控えるからではないかと言う人もいるが、ＣＶＳはそれが原因とは考えにくいとしている。

いずれにせよ、確率的な観点から言えば、「13日の金曜日」にマイカーで職場に出かけることは、他の金曜日と比べて（少しは）安全であると言えそうだ。

ジャンケンで一番勝ちやすい手はパー

私たちは確率という言葉を頻繁に耳にするが、一口に確率と言っても、そこには様々なタイプの確率が存在する。

初等教育や中等教育で習う確率は一般に「数学的確率（古典的確率）」と呼ばれる。数学的確率とは、ある実験や観察（試行）で、起こりうる全ての結果がどれも同じ程度に起こると期待されるとき、そこから導き出される確率のことを指す。

たとえば、サイコロを1回振って5の目が出る確率を考えてみると、（サイコロが歪んでいたりしない限り）1の目が出る事象から6の目が出る事象までは全て同程度に起こると期待できるので、5の目が出る確率は6分の1になる。

もうひとつ、「統計的確率（頻度論的確率）」と呼ばれる確率がある。これは実際に観察や実験を何度も繰り返すことによって、確率を計算していくというものだ。「数学的確率」と「統計的確率」は「大数の法則（大数の法則については第1章を参照のこと）」によって、究極的には一致する。

たとえば、サイコロを振って5の目が出る確率を考えてみると、「統計的確率」を使った数回の試行では誤差があるので「数学的確率」のように6分の1にはならない。サイコロを無限に近い回数振り続けていくと、やがて5の目が出る確率は「数学的確率」において想定される6分の1へと収束していく。

ただし、「統計的確率」において試行回数を増やしていっても、究極的に「統計的確率」が「数学的確率」と一致しないようなケースもある。具体例を挙げると、ジャンケンのゲームがそれにあたる。

「数学的確率」では、ジャンケンをするとき、グー、チョキ、パーを出す確率はそれぞれ3分の1（33・3％）となる。

しかし、「統計的確率」では、試行回数を増やしていっても、なぜかグー、チョキ、パーを出す確率は3分の1に収束しないのだ。

たとえば、数学者である芳沢光雄氏が学生725人を集めて延べ1万1567回のジャンケンをしてもらったところ、グーが出る確率は35・0％、パーが出る確率は33・3％、チョキが出る確率は31・7％という結果が得られたという。

つまり、ジャンケンのゲームにおいてはグーを出す確率が一番高いということになる。

では、なぜグーを出す確率が高くなるのか。

これは、人間がジャンケンをするときには、手の構造上、グーが一番出しやすいという特徴があるからだ。ジャンケンをするときに緊張していたり、意気込んでいたりすると、余計に握りこぶしのグーを出しやすくなるという。

逆に、チョキを出す確率が低いのは、手の構造上、グーやパーに比べてチョキを出しにくいという特徴があるからだ。

したがって、「統計的確率」から判断すれば、ジャンケンのゲームで勝ちやすい手は、パーということになる（ただし、ジャンケンをする相手もこの「統計的確率」の話を知っている場合にはパーを出しても勝率は高まらない）。

「数学的確率」や「統計的確率」は、理論的考察や実験・観察などを通じて実際に存在する客観的なデータと比較ができるので「客観確率」と呼ばれるが、それとは別に「主観確率」と呼ばれる確率が存在する。主観確率というのは、様々な事象について、人間が考える信頼の度合いのことを指す。

たとえば、今日の降水確率が30％であるとか、かつて火星に生命体が存在した確率が何％であるとかいうのは、人間が信じる度合い、主観的なもっともらしさのことを言っているので主観確率である。

「降る」「降らない」しかないのに「降水確率30％」とは？

主観確率の例として降水確率を取り上げてみよう。誰でも仕事やレジャーで外出するときには、これから雨が降るかどうかがとても気になる。そんなときに役立つのが大気予報の降水確率である。降水確率が高ければあらかじめ傘を持って外出するなど、私たちはなにかと降水確率の数字に頼ることが多い。しかし、この降水確率がどのように算出されているかを知っている人は意外に少ない。

そもそも、繰り返しのきかない1日の中で、雨が「降る」か「降らない」かは、どちらかしか起こりえないわけだから、降水確率は100%か0%になるのではないかと疑問に思う人も多いだろう。

確かに、事象を直接観察する客観確率で考えると、降水確率は100%（雨が降る）か0%（雨が降らない）のどちらかしかない。したがって、降水確率の数字は気象予報士が考えるもっともらしさの程度を示す主観確率のひとつと言える。

降水確率の予報は1986年から全国でスタートした。それより前は、雨が降る可能性が高かろうと低かろうと、天気予報では「雨」や「曇り」「晴れ」といった表現しか使われていなかった。

降水確率の算出方法を確認するにあたって、最初に降水の定義からみておこう。1日を6時間単位で4つに区切り、6時間の間にある地域で1ミリ以上の雨が降れば、降水とみなす。そうでなければ、降水とはみなさない。1ミリ以上の雨というのは6時間の間に1平方メートルあたり1リットル以上の雨が降るという意味である。

そして具体的な降水確率の算出方法は次のようになっている。まず、風向きや湿度といった諸々の条件をもとに気象状態を予想する。この予想を過去の気象データに照らして、似た気象状態のときにどれぐらいの割合で雨が降ったかを計算するのだ（最終的に予想を出す人の経験的な判断も加味する）。

このように算出された降水確率は、ある地域の何箇所の地点で雨が降るかを示しているわけではないし、雨が降る時間の長さや雨の強弱を表しているわけでもない。なお、降水確率の数字は10％刻みで示されることになっている。

分かりやすいように言い換えると、たとえば、降水確率が30％のときの数字の解釈の仕方は、「雨が降るという予報を１００回発表したときに、30回は事前の予想通り実際に雨が降る」ことを意味する。

ベイズ統計学の計算結果にびっくり！

客観確率と主観確率の違いは、前者があくまでも固定化された実在の母集団を前提として、そこから抽出されたデータの分布をもとに確率を求めていくのに対して、後者は主観的な推論をもとに確率を求めていくという点にある。主観確率では、仮説としていわば便宜的に母集団を設定するのであって、固定化された実在の母集団の存在は前提としていない。

客観確率は分かりやすいが、主観確率のほうはイメージが描きづらいと思うので、具体的な事例を取り上げてみよう。

たとえば、今、AとBという2つの箱があったとしよう。Aの箱には赤玉が30個、黒玉が10個入っている。一方、Bの箱には赤玉が20個、黒玉が20個入っている。

そこで、ある人が目をつぶった状態で、AとBどちらかの箱を選び、そこから1個の玉を取り出したとする。目を開けてみると、この人が引き出したのは赤玉であった。では、この人がAの箱を選んだ確率は何%だろうか?

客観確率で考えれば、最初にA、Bどちらかの箱を選ぶ確率は50%なので、最終的にどの玉を引き当てようと、回答は50%となる。厳密な客観確率では、ここで確率の議論は終わってしまう。

一方、推論を導入した主観確率で考えると、最初は客観確率と同じように2つの箱からAの箱を選ぶ確率は50%であるが、箱から赤玉が出た時点で、確率の数字が変わってくる。結論を先取りすると、主観確率では、この人がAの箱を選んだ確率は、赤玉を引いた時点で当初の50%から60%へと高まる。これはなぜだろうか。

直感的に説明すると、最初にどちらかの箱を選ぶ確率は確かに50％であったが、結果として赤玉を引き出したということは、赤玉が黒玉より多く入っているAの箱を選んだ確率のほうが、赤玉と黒玉が同じ数で入っているBの箱を選んだ確率よりも高いと推測できるだろう。このように事後に現れたデータをもとにして、推測を行っていくのが主観確率であり、それは「ベイズ統計学」とも呼ばれる。

もちろん、事後に現れたデータはデータとしては客観的な事実であるが、その客観的なデータをもとに元の母集団を推測していく過程が主観的なので（客観確率であれば、母集団が固定されているので、新しいデータが現れても母集団は推測によって変更されない）、その意味において、ベイズ統計学は主観確率ということになる。

「ベイズ統計学」は、英国の牧師兼数学者であったトーマス・ベイズが考え出した重要な命題から発展していったものである。命題というのは、有名な「ベイズの定理」のことだ。「ベイズの定理」は、次ページの式で表現できる。

実際に、この「ベイズの定理」に例題の数字を代入してみよう。ここで、求めたい確率P（A｜D）は、赤玉が出たという条件（D）のもとで、Aの箱（A）を選んだ確率である。

ベイズの定理

$$P(A|D)=\frac{P(A)\cdot P(D|A)}{P(A)\cdot P(D|A)+P(B)\cdot P(D|B)}$$

P(A|D) …… Dという条件のもとで、Aが選択される確率
P(A) ………… Aが選択される確率
P(D|A) …… Aという条件のもとで、Dが選択される確率
P(B) ………… Bが選択される確率
P(D|B) …… Bという条件のもとで、Dが選択される確率

Ｐ（Ａ）は２つの箱の中からＡの箱を選ぶ確率であるから50％となる。Ｐ（Ｄ｜Ａ）は、Ａの箱から赤玉が出る確率だから75％となる。したがって、分子は50％×75％＝37・5％と計算される。

次に、今度は分母について計算すると、Ｐ（Ａ）・Ｐ（Ｄ｜Ａ）は先ほど計算した通り37・5％。一方、Ｐ（Ｂ）は２つの箱からＢの箱を選ぶ確率だから50％となる。またＰ（Ｄ｜Ｂ）は、Ｂの箱から赤玉が出る確率だから50％となる。したがって、分母の数字は37・5％＋50％×50％＝62・5％と計算される。

最後に分子を分母で割ってやると、37・5％÷62・5％＝60％という確率が出てくるというわけだ。

この定理が意味するところは、何も起こらなければP（A）であった確率（事前確率）が、Dという新たな事象が起こった後には、P（A｜D）（Dが起きた後でのAが起こる確率＝事後確率）に修正されるということである。

つまり、最初はAの箱を選ぶ確率は50％だったのだが、実際に赤玉を引くという新たな事象が起こった後は、それをもとに主観的に母集団の推測が行われ、Aの箱を選ぶ確率が60％に修正されるということだ。

もうひとつ、「ベイズ統計学」を応用した面白い事例を取り上げてみよう。いま、私が5枚のカードを用意して、その中に「当たり」と書いたカードを1枚だけ入れる。

そして、あなたに5枚のカードの中から1枚だけ引いてもらうゲームを行う。「当たり」と書かれたカードを引けば、あなたは賞品をもらえるが、外れた場合には罰ゲームが待っているとしよう。

まず、あなたは1枚のカードを引いて、そのカードを開けない状態で手元に置いておく。私は、あなたが引いたカードが「当たり」のカードであるかどうかを知っている。そのうえで、残り4枚のカードのうち2枚のカードを開いてみたところ、ともに「ハズレ」のカードであった。

ここで私はあなたに「私の持っている残り2枚のカードのうち1枚とあなたが先ほど引いた1枚のカードを交換してもいいがどうしますか？」と提案をする。カードを交換するのと交換しないのとでは、どちらが「当たり」を引く可能性が高くなるだろうか。

まず、厳密な客観確率で考えると、開いていないカードは3枚あって、そのうち1枚の中に「当たり」が含まれている。あなたのカードが「当たり」の確率は3分の1であるし、私が持っている2枚のカードが「当たり」の確率もそれぞれ3分の1だ。したがって、カードを交換しても「当たり」の確率は変化しないから、カードは交換しなくていいという結論にたどりつく。

次に、今度は「ベイズ統計学」の主観確率で考えてみよう。あなたが、5枚のカードの中から1枚のカードを引いたとき、それが「当たり」となる確率は5分の1であった。

一方、私の立場からみると、手持ちの4枚のカードのうち「当たり」が含まれる確率は5分の4ということになる。この4枚のうち2枚は「ハズレ」であることが分かったので、この時点で5分の4の確率は残りの2枚のほうに集約される。つまり、残りの2枚にはそれぞれ5分の2の確率で「当たり」が含まれている可能性があるということだ。

あなたのカードが「当たり」である確率は5分の1、それに対して私が持つカードの1枚が「当たり」である確率は5分の2。したがって、「ベイズ統計学」で考えれば、あなたはカードの交換に応じたほうが、「当たり」を引く確率は高まるという結論にたどりつく。そして、これがこの問題に対する正しい解答である。

このように、最初から母集団を固定化して考える客観確率では求められない確率が、母集団をも確率で考える主観確率では求められるようになるのだ。

上記と同じような事例として、有名な「モンティ・ホール問題」というものがある。モンティ・ホールは、かつて米国で放送された人気クイズ番組の司会者の名前のことだ。この番組では3枚の扉が用意されており、そのうちの1枚の扉の向こう側には車などの豪華賞品がある。その扉を選べば、挑戦者は豪華賞品をゲットできるのだ。

挑戦者は、まず3枚の扉のうちの1枚を選ぶ。すると、モンティは、挑戦者が選ばなかった残り2枚の扉のうちのひとつを開けて、それが「ハズレ」であることを示す。そして、モンティは挑戦者に選んだ扉をもうひとつの扉に変えてもかまわないと提案するのだ。

客観確率で考えると、残り2つの扉のうち一方に「当たり」があるのだから、挑戦者が扉を変えようと変えまいと、当たる確率は2分の1である。だから、扉をチェンジする必要はないということになる。しかし、これは間違い。

この問題は、新しい情報を推測に役立てる主観確率を使って、選択の過程を丁寧に追っていけば簡単に正解が出てくる。

最初に挑戦者が選んだ扉が当たる確率は3分の1である。一方、ゲームの司会者の立場でみると、挑戦者が選ばなかった残りの2つの扉に「当たり」が入っている確率は3分の2となる。そして、司会者はそのうちのひとつは「ハズレ」であるとわざわざ示したのだ。すると、挑戦者が選んだ扉が「当たり」である確率は依然として3分の1のままであるが、残ったもうひとつの扉が「当たり」の確率は3分の2にまで上がる（当初は2つの扉の中に「当たり」が隠れている確率が3分の2であったが、そのうちのひとつが「ハズレ」であると分かったので、3分の2の確率はそのまま残りひとつの扉に移動するから）。

つまり主観確率に基づいて選択の過程を追って計算すれば、挑戦者は扉をチェンジしたほうが、扉を変えないよりも2倍も高い確率で「当たり」を選べるのだ。

この説明でも分かりづらいと感じる読者がいるかもしれない。では、直感的に分かりやすいように、非常に極端な例を取り上げてみよう。先ほどは3枚であった扉の数を100

枚まで増やしてみるとどうだろうか。

挑戦者は、100枚の扉のうち1枚を選ぶ。もちろん、この時点で選んだ扉が「当たり」の確率は100分の1だ。

その後、ゲームの司会者は残り99枚の扉の中から、「ハズレ」の扉を次々に開いていき、最後のひとつだけを残す。そして、最後に残された扉と挑戦者が最初に選んだ扉をチェンジするかと聞く。このような状況になったら、感覚的に考えても、扉をチェンジしたほうが「当たり」の確率は明らかに高いということが分かるだろう。ちなみに、最初に選んだ扉が「当たり」の確率は100分の1、最後に残された扉が「当たり」の確率は100分の99となる。

迷惑メールのフィルターにも応用されているベイズ統計学

このように客観確率では求められないことが主観確率では求められるといったケースが多々ある。

それにもかかわらず、これまで主観確率に基づく「ベイズ統計学」は客観確率を信奉する論者からは相手にされてこなかった。

実際、統計学の世界では、確率に主観的な推論を持ち込むことを奨励する「ベイジアン（ベイズ理論を支持する統計学者）」と、確率に主観的な推論を持ち込むことを認めない「ノンベイジアン（ベイズ理論を否定する統計学者）」の間で長年対立が続いている。「ベイズ統計学」と客観確率では、前提となる考え方が根本から違っているので、両者が相容れないのはやむを得ないことかもしれない。

ただ、近年では、どちらかと言えば客観確率よりも主観確率の「ベイズ統計学」が脚光を浴びるようになっている。

「ベイズ統計学」は、客観性に欠けるということで、ノンベイジアンのサイドから厳しい批判を受けているが、応用範囲が広いので、様々な分野で適用されるようになったのだ。たとえば、迷惑メールのフィルターは、「ベイズ統計学」に基づいて設計されている。

迷惑メールのフィルターがどのように設計されているかといえば、とりあえず「セックス」「セフレ」「交際」「広告」など、迷惑メールのテクストに記載されていそうなキーワードを自動的に受信メールから検出する。

そのうえで、受信メールにそれらのキーワードが何個入っているかを数え、キーワードの個数によってその受信メールが迷惑メールである確率をはじき出す。迷惑メールである確率が一定水準を超えていれば、受信メールは自動的にゴミ箱に振り分けられるという仕組みだ。

これはあくまでも主観的な推論をもとにはじき出した「ベイズ統計学」の確率なので、ときには迷惑メールではない受信メールがゴミ箱に振り分けられてしまうこともある。しかし、コンピューターが判定を間違えたときにユーザーが判定し直せば、新しい情報が付加されたことで、迷惑メールのフィルターの精度が上がっていく。

迷惑メールのフィルター以外では、人工知能や気象予報、新薬開発にも「ベイズ統計学」の考え方が取り込まれている。

米マイクロソフト社のビル・ゲイツ氏は、21世紀に入って「これからのマイクロソフト社の戦略は全てベイズ統計学に基づく」と述べたが、それほど「ベイズ統計学」は注目を浴びているのだ。

囚人Bの処刑確定で囚人Aの命運やいかに？

ところで、「ベイズ統計学」では追加的な情報を入手することによって主観確率が変化していくのだが、その追加的な情報は、自分の主観確率に影響を及ぼすものでなければ意味がない。その点を確認するために、今度は有名な「3囚人問題」を取り上げてみよう。

「3囚人問題」とは次のようなものだ。今、A、B、Cの3人の死刑囚がいる。このうち1人だけが恩赦《おんしゃ》になったとする。ただし、A、B、Cとも3人のうち誰が恩赦になったのかは知らされていない。

そこで、囚人Aは看守に、「BとCのうちどちらかは必ず死刑になるのだから、処刑される人を1人教えて欲しい」と願い出た。そこで、看守は囚人Bは処刑されることになっていると囚人Aに教えてやった。それを聞いた囚人Aは、「最初自分が助かる確率は3分の1であったが、看守から聞いた情報によって、自分が助かる確率は2分の1にまで上がった」と言って喜んだ。果たして囚人Aの考えは正しいのか?

ベイズの定理によれば、囚人Aの考えは間違っていて、囚人Aが助かる確率は3分の1のままで変わらない。

なぜか。囚人Aの立場になって考えてみよう。実は、囚人Aが看守から聞き出した言葉には新しい情報（条件）が加わっていないのだ。

恩赦になるのが1人で、死刑になるのが2人という情報はあらかじめ分かっていることであり、また、死刑になるのが2人である以上、BとCのどちらかが死刑になるということもわざわざ看守に聞かなくても最初から分かっていることである。

先ほど述べた通り、ベイズ統計学では、新たな情報（条件）が加わったときに、それに基づいて主観確率が修正されていくので、新たな情報（条件）が何も加わっていない場合には、主観確率が変更されることはない。したがって、囚人Aが助かる確率は3分の1のままなのである。

「飛行機は自動車より安全」は本当か

世の中で「飛行機は落ちるかもしれないから、乗るのが怖い」と考える人は多い。確率的に考えた場合、飛行機に乗ることはどれぐらいの危険を伴うのだろうか。

飛行機の相対的な安全性について考える際には、死亡事故の発生確率の数字が引き合いに出されることが多い。

日本での飛行機の死亡事故発生確率は、08年で0・009（人／億人キロ）。対する自動車の死亡事故発生確率は0・189（人／億人キロ）。

自動車の死亡事故発生確率は、21倍にも上り、実は飛行機のほうが自動車よりもずっと安全性が高いという結論になる。

しかし、死亡事故発生確率の数字は、本当に飛行機の相対的な安全性を示す指標として適切なのだろうか。実は、この死亡事故の発生確率の数字は、飛行機に有利で、自動車に不利になりやすいという特徴がある。

読者のみなさんに注目していただきたいのは、死亡事故発生確率を計算する際の分母である。この死亡事故発生確率の分母には、延べ移動距離（単位は「輸送人キロ」）が使われている。延べ移動距離は利用者数×移動距離で表される。たとえば、5人が乗った自動車が10キロ走行すれば、延べ移動距離は、5人×10キロメートルで「50人キロ」と計算される。

分母に延べ移動距離を使って、飛行機と自動車の死亡事故発生確率を計算するとどうなるだろうか。

一般に飛行機は1回にたくさんの人が搭乗し、またかなりの距離を移動することになるため、1回の飛行で死亡事故が発生しなければ、（分母の数字が巨大になるので）死亡事故発生確率は大きく下がるだろう。

一方、一般に自動車は1回に乗れる人数は数人が限度で、また、飛行機に比べると平均的な移動距離が短いので、1回の利用で死亡事故が発生しなくても、（飛行機に比べて分母の数字が小さくなるので）死亡事故の発生確率はそれほど下がらない。

つまり、分母に延べ移動距離を使った死亡事故発生確率は、移動距離あたりの危険性を示している（同じ距離を移動するのに飛行機と自動車ではどちらが危険性が高いかを示している）だけであって、旅行に出かけるときに飛行機で遠出するのと、自動車で近くに出かけるのではどちらが危険であるかを示しているわけではない。

だから、移動距離を考慮せず、単純に飛行機に1回乗るのと自動車に1回乗るのでは、どちらのほうが安全かを考える場合には、分母に「延べ移動距離」ではなく「利用回数（利用者数）」を使ったほうが適切なリスク指標になるのだ。

そこで、分母を「延べ移動距離」ではなく「利用回数（利用者数）」にして、自動車と飛行機の死亡事故発生確率を、もう一度計算し直してみよう。

08年における自動車事故の死亡者数は1710人であった。また、08年における自動車の利用者数は667億7414万3000人となっている。したがって、客観的な自動車の死亡事故発生確率は、1710人÷667億7414万3000人×100＝0・000256％となる。

一方、08年における飛行機事故による死亡者数は7人であった。また、08年における飛行機の利用者数は9066万2000人となっている。したがって、客観的な飛行機による死亡事故発生確率は、7人÷9066万2000人×100＝0・0000772％となる。

両者を比較すれば、先ほどの結果とは逆に、飛行機の死亡事故発生確率が自動車のそれを上回っていることが分かるだろう。

このように、客観的な確率によってリスクを比較する際には、何を分母に持ってくるか、言い換えればどのような目的でリスクを計測するかによって、結果が大きく異なってくるのである。

「4兆7000億人に1人」でもまだ特定できないDNA型鑑定

今度は犯罪に関する確率を考えてみよう。人間の体は約60兆個という膨大な数の細胞によって構成されている。ひとつひとつの細胞には細胞核というものがあって、その中には染色体と呼ばれる構造体が存在する。この染色体の本体部分がデオキシリボ核酸（DNA）である。

そして、DNAの中にあるアデニン（A）、グアニン（G）、シトシン（C）、チミン

(T)、という4つの塩基の並び方によって個々人の遺伝情報が決まってくる。しかも、この遺伝情報は、指紋のように個人間で全く異なる部分を持っているのだ。

ＤＮＡが指紋のように個人の特定に利用できることを最初に発見したのは、英国の遺伝学者ジェフェリーズで、それは85年のことだ。その後、高い個人識別能力を持つＤＮＡは、親子や兄弟など血縁関係の調査に使われるようになったほか、犯罪捜査で犯人を特定する際の証拠としても活用されるようになった。

しかし、ＤＮＡ型鑑定は、間違いのない科学的な鑑定方法と思われがちだが、万全の鑑定方法と断言することはできない。

まず、日本でＤＮＡ型鑑定が犯罪捜査に導入されたのは89年だが、確率的に言って、当時の個人識別能力はそれほど高いものではなかった。

当時の日本で採用されていたのは、「ＭＣＴ１１８型検査法」と呼ばれる鑑定手法であった。「ＭＣＴ１１８型検査法」は、染色体のＤＮＡの塩基配列の一部だけを目でみるなどして調べるもので、ごく一般的な型だと16人に１人までの確率でしか、個人を絞り込むことができなかったのである。つまり、当時のＤＮＡ型鑑定は、人物を特定するというよりは、特定の人物を容疑者グループの中から除外しない程度の役割しか果たしていなかったということだ。

90年に栃木県足利市で幼女が殺害されたいわゆる「足利事件」においても「MCT118型検査法」によるDNA型鑑定が行われ、無期懲役の判決を支える有力な証拠とされた。09年に行われた鑑定によって、当初のDNA型鑑定結果が覆されたことからも「MCT118型検査法」の精度の低さは明らかである。

にもかかわらず、当時、多くの人はDNA型鑑定の精度は高いもので、間違いはあり得ないと誤解していた。科学的なDNA型鑑定でほぼ同一人物の遺伝子とされたため、裁判において捜査に問題はなかったとの印象を与えたことは否定できないだろう。

その後、DNA型鑑定の手法は改善されていき、現在は「STR型検査法」が取り入れられている。「STR型検査法」は、DNAの塩基配列のうち、15カ所を機械で自動分析するというもので、この方法だと、確率的に4兆7000億人に1人という天文学的な精度で特定の個人を絞り込むことが可能になる。

ただし、この「STR型検査法」でも、例外的に別人を同一人物と判定してしまうケースがあるという。

ひとつは一卵性双生児のケースだ。もうひとつは、骨髄移植のドナーと患者である場合である。骨髄移植を受けた人は、その血液がドナーの血液と全く同じものになる。したがって、血液だけでDNA型鑑定を行うと、ドナーと患者は同一人物と判定されてしまうのだ（ただし、これは血液だけでDNA型鑑定を行った場合に限られ、血液以外の細胞のDNAでDNA型鑑定を行えばドナーと患者は別人と判定される）。

さらに注意しておく必要があるのは、精度の高い最新のDNA型鑑定の結果、DNAの持ち主である人物が高い確率で特定されても、ただちにその人が事件の犯人であるということにはつながらないという点だ。

犯行現場に残された血痕や毛髪（正確には毛根部分の頭皮細胞）、唾液、精液などから採取したDNAで特定人物が浮かび上がってきても、なぜ犯行現場にその人のDNAが残されたのかを、別途証明することができなければ、DNA型鑑定で特定された人物＝犯人と決め付けることはできない。

事実、米国のO・J・シンプソンの裁判（前妻を殺害したという容疑）ではDNA型鑑定という強力な証拠があったにもかかわらず、そもそも犯行現場に落ちていた血染めの黒革の手袋にシンプソンのDNAがなぜ付着したのかを証明できなかったために、シンプソンは無罪判決を勝ち取っている（捜査にあたった白人警察官が、黒人であるシンプソンを犯人にするために、わざと手袋にシンプソンのDNAを付着させたという推論も成り立つため)。

確率数字を歪めて判断してしまう3つのワナ

この章の最後に、私たちが確率の統計数字を解釈する際、陥りやすい心理的なバイアス(偏向)について紹介しておこう。

ひとつめは「利用可能性ヒューリスティック(availability heuristic)」と呼ばれるバイアスである。「利用可能性ヒューリスティック」は、ある事象が起こる客観確率を考えるとき、その事象に当てはまる事例がどれだけ自分の記憶に残っているかによって、主観確率が左右されてしまい、客観確率と乖離する現象を指す。「利用可能性ヒューリスティック」が存在すると、リアリティのある記憶に残りやすい事象は、それだけ主観確率が実際の客観確率に比べて過大に見積もられることになる。

具体的な事例を挙げると、たとえば、多くの人は、近年少年犯罪が増えていると思い込んでいる。しかし、警察庁が発表している犯罪統計をみる限り、少年犯罪は絶対数でも減少しているし、刑法犯検挙件数に占める割合でも低下している(図表3-1)。このような思

図表 3-1　刑法犯総検挙人員に占める少年の割合

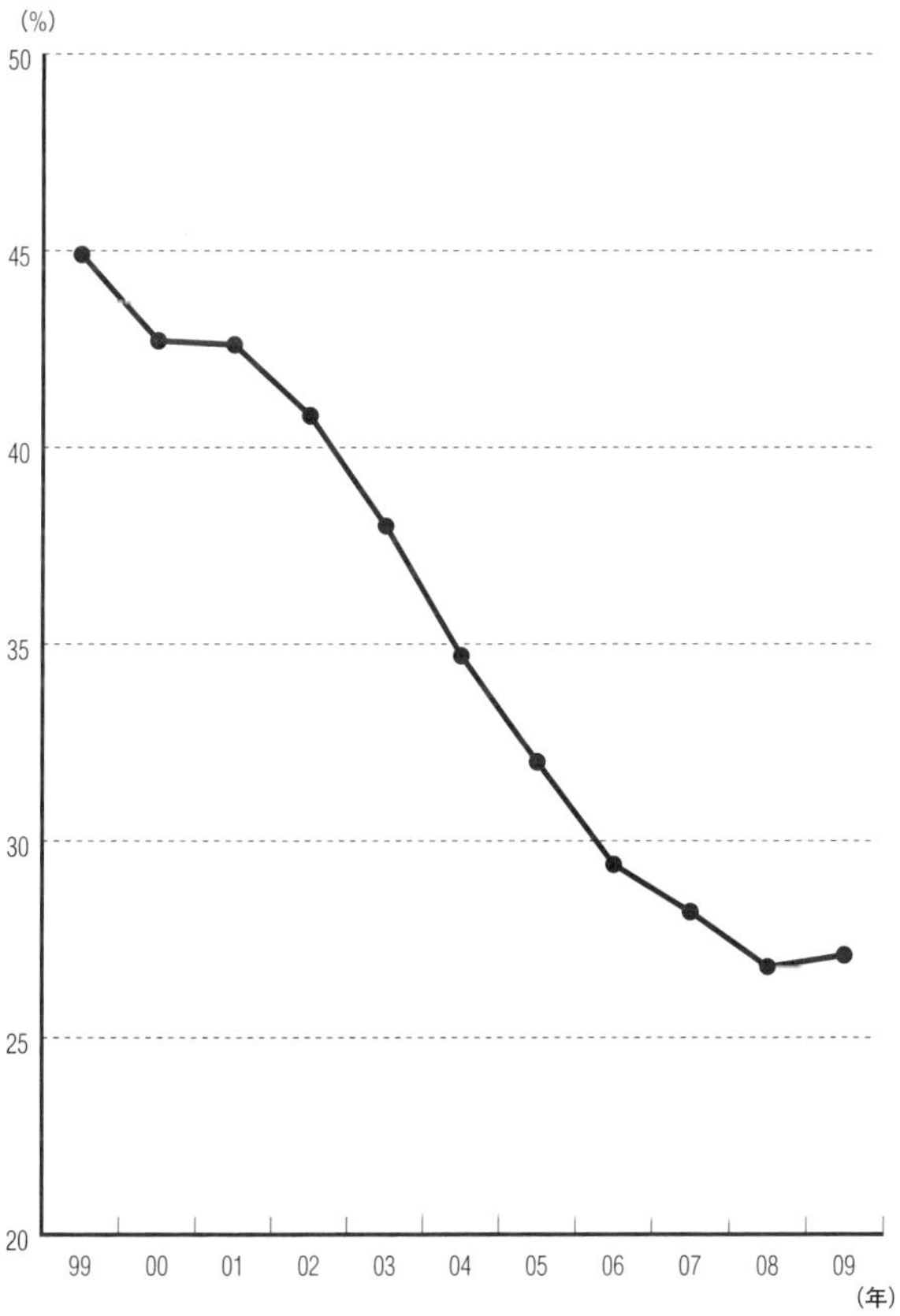

（出所）警察庁資料より作成

い込みの確率と現実の確率の乖離は、少年の凶悪犯罪がメディアなどを通じて大々的に報道され、それが私たちの記憶に強く残っているので、主観確率が客観確率に比べて高くなったために生じたと考えられる。

また、飛行機の死亡事故発生確率が極端に低いにもかかわらず、多くの人が「落ちると怖いから、飛行機には乗りたくない」と考えてしまうのも、実際に飛行機の墜落事故が起こったときには鮮明な記憶として残りやすく、実際の死亡事故発生確率を過大に見積もっているためと考えられる。

もうひとつ、確率の統計数字をみる際に注意する必要があるのが、いわゆる「フレーミング効果（framing effect）」というバイアスである。

「フレーミング効果」というのは、ある事象について、論理的には同じことを言っているのに、表現の方法を変えると、なぜかそれを受け止める人の評価が異なってしまう現象を指す。なぜそのような現象が起こるかと言えば、表現に違いが出ると、無意識のうちに人間の心理的な解釈の枠組み（フレーム）が変化するためだ。

「フレーミング効果」の具体的な事例を挙げると、たとえば、いまあなたが重病患者で医師から手術を受けるかどうかの選択を迫られているとする。その手術を受けるかどうかを判断するうえで、医師に「死亡率10%」と告げられるのと、「生存率90%」と告げられるのでは、言っていることの内容は全く同じでも、聞いたときの印象が大分違ってくるはずだ。実際、行動経済学の実験では、「生存率90%」と提示された人のほうが、「死亡率10%」と提示された人よりも、「手術を受けたい」と回答する人の割合が高くなる傾向が確認されている。

同じ確率であっても、それをどのように表現するかによって、心理的な印象が変わってしまうのである。

さらに、「オーバーコンフィデンス（over confidence 自信過剰）」という心理的なバイアスも存在する。「オーバーコンフィデンス」は、客観確率が高くないのに、根拠もなく自分のとった行動は成功につながると思い込んでしまう現象を指す。たとえば、「宝くじ」に当たる客観確率は極めて低いにもかかわらず、多くの人はそれを購入する。

要するに、私たちは「利用可能性ヒューリスティック」によって確率数字を読み間違える可能性がある。また、「フレーミング効果」によって確率の数字の判断を変える可能性がある。さらには、客観確率が示す数字がどうであろうと、「自分は確実に成功する」と根拠のない自信を抱きやすいという性質を持っているのだ。

そして、このような心理的性質が確率数字を日常生活やビジネスシーンで役立てる際の障害になってくる。

どんなに嫌っても避けられない「不確実性」の存在

さらに、人間には確率で把握することのできない「あいまいさ」に対して極端に臆病になるという心理的なバイアスもある。世の中には、たとえ主観確率であっても把握することのできない「あいまいさ」が存在するのだ。

このような「あいまいさ」の具体的な事例として「エルスバーグのパラドックス」が知られている。「エルスバーグのパラドックス」というのは、次のような問題である。

いま、AとBという2つの壺がある。Aの壺には赤玉が50個、黒玉が50個入っていることが分かっている（すなわち50％ずつの割合で赤玉と黒玉が入っている）。一方、Bの壺には赤玉と黒玉がそれぞれいくつずつ入っているかは分からないが、とにかく赤玉と黒玉を合わせて100個の玉が入っている。

あなたは、AかBのどちらかの壺を選んで、そこから1つの玉を引き出す。あなたがあらかじめ予想した玉の色と実際に壺から引き出した玉の色が一致した場合に限って、あなたは賞金を受け取れる。さて、あなたはAとBどちらの壺を選びますか？

この問題を出された人のほとんどはAの壺を選ぶという。私自身も最初にこの問題をみたときAの壺を選んだ。ではなぜ、多くの人はAの壺を選んでしまうのだろうか。Aの壺を選ぶということは、あなたが心の中で赤玉が出ると予想している場合、Bの壺には、Aの壺に入っている50個より少ない赤玉が入っていると想定していることになる。一方あなたが、黒玉が出ることを予想している場合、Bの壺には、Aの壺に入っている50個より少ない黒玉が入っていると想定していることになる。

これでは確率的におかしなことになってしまう。なぜなら、主観確率であれ客観確率であれ、確率を計算するには加法原理（AとBが同時に起こらないとき、いずれかが起こる確率はAとBの確率の和になる）が働くことが大前提となっているからだ。

確率計算をするには、Bの壺から赤玉が出る確率と黒玉が出る確率は足して100％にならなければおかしいのである。しかし、あなたが、Aの壺を選んだということは、主観確率において、Bの壺には赤玉が50％より小さい確率で入っていて、なおかつ黒玉も50％

より小さい確率で入っていることを想定している。Bの壺では赤玉が出る確率と黒玉が出る確率は足しても100%に満たない。

なぜ、そうなってしまうのか。それは人間が「あいまいさ」を極端に嫌うからだ。Bの壺のように根拠のないあいまいな事象は無意識のうちに避けてしまう傾向があるのだ。

そして、現在の世の中では何が起こるか分からない「あいまいさ」や「不確実性」が大きく高まっている。

これまで人間は「不確実性」をできるだけ小さくするために様々な努力をしてきた。生命保険や損害保険もできる限り「不確実性」を減らそうとして、つくられた金融商品である。しかし、いまの世の中で高まっている「不確実性」は、人間の英知では避けることのできない類の「不確実性」だ。

経済学者のフランク・H・ナイトの著作『リスク、不確実性および利潤』によると、「不確実性」には2つの種類がある。

ひとつは自動車事故のようにある事象が起こる可能性を統計・確率的な手法によって推測できる「不確実性」で、この「不確実性」をナイトは「リスク（risk）」と呼ぶ。もうひとつは、統計・確率的な手法では推測できない、突発的に起こる全く未知の事象で、こ

図表 3-2 ナイトによるリスクと不確実性の区別

確率分布	測定の可否	リスク・不確実性の区別
数学的確率	測定可能	リスク
統計的確率	測定可能	リスク
推定	測定不可能	真の不確実性

数学的確率は、サイコロの目が出る確率など。
統計的確率は、過去のデータに基づいて算出される確率。
推定は、確率数値を与えることができないもの。

の「不確実性」をナイトは「真の不確実性(uncertainty)」と呼んで「リスク」とは区別した(図表3-2)。

先ほど紹介した「エルスバーグのパラドックス」で言えば、Aの壺が「リスク」、Bの壺が「真の不確実性」ということになるだろう。

そして、最近になって、世界各国が直面している様々な問題は、言うまでもなく後者の「真の不確実性」に属するものだ。08年に世界的な金融危機・景気後退を引き起こした米国のサブプライムローン(低所得層向けの住宅融資)の焦げ付き問題も「真の不確実性」から発生した災いである。

サブプライム問題に関しては、ムーディー

ズ・インベスターズ・サービスやスタンダード・アンド・プアーズ（S&P）などといった格付け機関が、ハイリスク・ハイリターンのサブプライム証券化商品に、高い格付けというお墨付きを与えたことが、投資家の判断を曇らせて混乱を招いたと指摘されている。

実際、米国の格付け機関が、07年の夏に急激にサブプライム証券化商品の格付けを引き下げたことがきっかけとなって、サブプライム問題が深刻化していった。

実は、格付け機関は、そもそも新しく誕生したサブプライム証券化商品に精度の高い格付けをするノウハウを持っていなかった。サブプライム証券化商品は、他の伝統的な金融商品とは異なり、登場してからの日が浅いので、過去の膨大なデータに基づいて高い精度でリスクを計算することが難しいのだ。推測するのに十分なだけの過去のデータがそろっていないサブプライム証券化商品は、ナイトが述べたところの「真の不確実性」に分類されるべきものだ。

「主観確率」や「客観確率」を使って測定することのできないサブプライム証券化商品が、安全な金融商品・リスクの小さい金融商品であることの保証は、最初からどこにもなかったと言える。

第4章

「科学的」という言葉がヤバい

――科学のカラクリ

メタボ基準「腹囲85センチ」に科学的根拠なし

第4章では、自然科学の領域について、科学データや実験の信憑性を検討していきたい。心理学や生理学、医療の分野では、「閾値《いきち》」と呼ばれる値が注目されることが多い。「閾値」というのは、ある特定の現象Aが別の現象Bを引き起こすと考えられるとき、現象Bを引き起こすかどうかのちょうど境界線上にある現象Aの値を示す。

筆者の専門である経済学の分野でも「閾値」はある。たとえば、消費者が商品を購入するかどうかを決定する場合、買うか買わないかの境界にある「閾値」の値段は必ず存在する。さらに、環境の分野でも「閾値」は重要視されている。汚染物質がどれぐらいの濃度になると健康リスクにつながるかといった環境基準は「閾値」を見つけてから設定される。ただし、アスベストには、どれぐらいの濃度から健康被害のリスクが高まるのかという明確な「閾値」が見つかっていない。アスベストは、どんなに低い濃度であっても、それなりに健康被害を引き起こすリスクがあるということだ。

通常、「閾値」は、実験などから得られた大量のデータをもとに特定の数値で示されるが、もし「閾値」の設定が恣意的なものであったり、妥当性を欠いたものであれば、「現象Aが『閾値』を超えているから現象Bが起こる」というように短絡的に判断すると、重大なミスリーディングにつながる恐れがある。

「閾値」の設定が妥当でないとの指摘がある具体的な事例として、メタボリックシンドローム（内臓脂肪症候群）を判定する際の腹囲の「閾値」がある。

日本では08年4月から特定健診の制度がスタートした。いわゆる「メタボ検診」と言われているものだ。「メタボ検診」は、40歳以上75歳未満の全国民が対象となっており、メタボリックシンドロームを予防することを目的としている。

「メタボ検診」は医療費削減という狙いもある。政府の試算によると、適切な保健指導を通じて国民のメタボ予防に成功すれば、将来の医療費が年間2兆円削減できるようになるという。

そして、この「メタボ検診」では、メタボかどうかを診断する際の基準として、腹囲の「閾値」が設定されている。男性は腹囲が85センチメートル以上、女性は腹囲が90センチメートル以上であれば、将来、心筋梗塞や脳梗塞になるリスクが高まるので、保健指導の対象になるというものだ。

検診では、腹囲の測定は必須項目となっており、腹囲が「閾値」を下回っていれば、保健指導の対象にはならない。腹囲が「閾値」を超えている場合、そのほかに血糖、脂質、血圧の3項目のうち2項目以上に異常があった場合にメタボと診断される。

しかしながら、この「閾値」が設定された後、腹囲の「閾値」の妥当性に対して、国内外の専門家の間から様々な疑問が投げかけられるようになった。

海外の専門家は、日本の腹囲の「閾値」について、男性の場合は厳しすぎ、女性の場合は甘すぎるのではないかと指摘している。

また、10年には、厚生労働省の研究班が、腹囲の数値からは心筋梗塞や脳梗塞発症の危険性を明確に判断することはできないとの調査結果を発表した。

厚生労働省の研究班は、全国12カ所の40〜74歳の男女約3万1000人を対象に、腹囲と心筋梗塞や脳梗塞の発症の関連を調査した。その結果、腹囲の数値が高まるほど、発症のリスクは高まったが、特定の値を超えると、リスクが急激に高まるということはなかった。

つまり、腹囲の数値と脳梗塞や心筋梗塞発症のリスクは確かに正比例の関係にあることが観察されるが、腹囲の数値に明確な「閾値」が存在するわけではなく、計測値が閾値を超えることで、発症リスクが急激に高まるという現象は観察されなかったということだ。

メタボの基準値が妥当性を欠いていれば、医療費削減を目指して導入された「メタボ検診」によって逆に医療費が膨らんでしまうという本末転倒なことが起こる可能性もある。腹囲が「閾値」を超えている人たちは、相当な数に上ると言われ、この人たちが検診で医療機関での受診を勧められて、勧められた人全てが実際に医療機関で受診すれば、医療費は年間4兆円以上膨らむとの試算も出ている。

複数の調査によって、日本の腹囲の「閾値」の設定には明確な科学的根拠がないということが明らかになりつつあり、今後、男性85センチ以上、女性90センチ以上という基準は、見直しを迫られることになるのではないか。

「がん検診を受けた人のほうが生存率が高い」は本当か

医療の世界では、がん検診や人間ドックなどで発見されたがんの治療の評価を行う際に「5年相対生存率」の数字を使った比較を行うことがある。「5年相対生存率」とは、がんの治療開始から、5年経過したときにどれだけの人が生存しているか、その確率をパーセンテージで示す統計数字である（部位によっては「10年相対生存率」の数字を使うこともある）。全ての死亡を計算に含めた生存率（実測生存率）から、がん以外の理由で死亡した影響を取り除いたのが相対生存率である。

実際、検診を受けてがんが発見された患者と、それ以外でがんが発見された患者の「5年相対生存率」を比較すると、検診を受けた人はそうでない人に比べて生存率が高いという結果が出ている。

しかし、がん検診の「5年相対生存率」にはいくつかのバイアス（偏向）が存在しており、それによって検診の効果が過大評価されやすくなっている。

したがって、「5年相対生存率」の数字を評価する際には、こうしたバイアスの存在を十分に考慮しなければならない。

ひとつめは、「リードタイム・バイアス」と呼ばれる統計上の偏りだ。全く性質が同じがんであっても、がん検診を受けて早期にがんが発見された患者と、病院でがんが発見された患者を比較すれば、当然のことながら、（発見が早かった分だけ）前者のほうが生存期間は長くなる。

ただし、これは医療の介入や治療の効果とは関係なく、単純に「生存率」を計算する際の始点が前にずれているだけなので、見かけ上、「5年相対生存率」が上昇しているという錯覚にすぎない。

もうひとつ、「レングス・バイアス」と呼ばれる統計上の偏りもある。これは、定期的に健康診断を受けている人は、進行の速いがんに比べて、進行が遅いがんや悪性度の低いがんが早期発見されやすいというものだ。「レングス・バイアス」が存在する場合も、見かけ上、「5年相対生存率」の数値が上昇することになり、検診の効果を過大評価してしまうことになる。

さらには、「セレクション・バイアス」と呼ばれる統計上の偏りもある。「セレクション・バイアス」は、自発的に自らの意思でがん検診を受けに来る人は、そもそも自分の健康に対する関心が高かったり、自己管理が行き届いていたりするので、集団としての初期条件が検診を受けない人に比べて良くなっている。

つまり、全体として初期条件が良好な人たちばかりが検診を受けているので、初期条件の有利さが「5年相対生存率」の数値にも影響を与えるというものだ。

これらのバイアスを取り除いて「5年相対生存率」を計算すれば、検診で発見されたがんの「5年相対生存率」の数値はもう少し低いものになるだろう。

「ひも付き」の学術論文・調査レポートに要注意

自然科学・社会科学の学術論文や調査レポートには、全く同じテーマを扱っているにもかかわらず、結論が真逆になるケースが多々存在する。

実験の方法やアプローチの仕方、サンプルの数や選び方などによって、結論が変わってくるのであれば問題はないが、学術論文や調査レポートの中には、最初に結論ありきで、かなり恣意的に作成されているものも含まれるので、読み手はその点に十分な注意をしておく必要がある。

では、どういった論文や調査レポートが恣意的になるのだろうか。最初に結論ありきで作成された学術論文や調査レポートは、いわゆる「ひも付き」(研究者や研究機関が特定の企業や団体から資金援助を受けているようなケース)であることが多い。

「ひも付き」の研究では、利益相反となって中立的な視点に立てなくなる。学術論文や調査レポートの結論が資金援助をしてくれている特定の企業の意向に沿ったものになりやすいということだ。こうしたバイアス(偏向)を、「スポンサー・バイアス」と呼ぶこともある。

実際、98年に発表された米国の論文『Why Review Articles on the Health Effects of

図表 4-1 「受動喫煙は健康に害を与えない」という論文執筆者とタバコ会社の関係

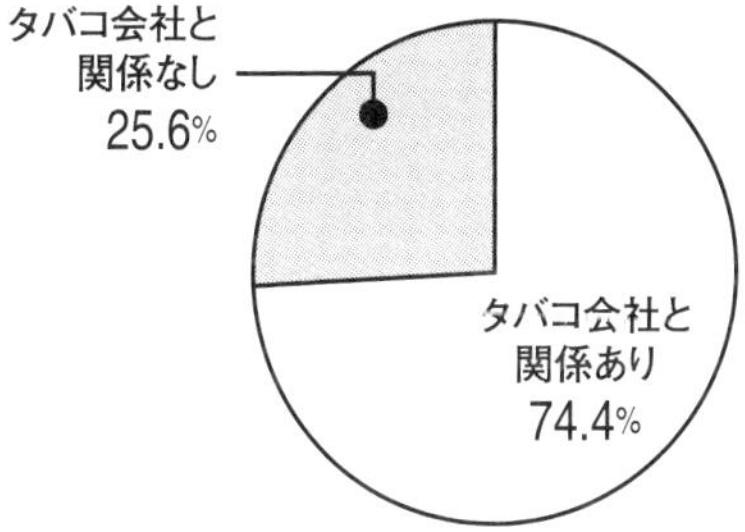

（出所）『Why Review Articles on the Health Effects of Passive Smoking Reach Different Conclusions』より作成

Passive Smoking Reach Different Conclusions』においては、調査レポートや学術論文の結論が恣意的なものになる可能性が極めて高いということが示されている。

この論文では、80年から95年までの間に発表された受動喫煙の有害性に関する研究論文について、それらの研究論文の結論が「受動喫煙は有害ではない」と「受動喫煙は有害である」のどちらになっているかを調べた。

その結果、106の論文のうち37%に相当する39の論文が、「受動喫煙は健康に害を与えるものではない」という結論になっていた。

また、この論文では、受動喫煙の有害性に関する研究論文の執筆者がどういった団体から資金援助を受けているかも調べている。

その結果、「受動喫煙は健康に害を与えない」と結論づけた39の論文のうち、74・4％に相当する29の論文の執筆者が、タバコ会社から資金援助を受けるなど、タバコ会社となんらかのつながりを持っていた（図表4－1）。

タバコ会社とつながりのある研究者が執筆した論文（第1グループ）とタバコ会社とは何のつながりもない研究者が執筆した論文（第2グループ）について、「受動喫煙は健康に害を与えるものではない」という結論になるオッズ比（ある事象の起こりやすさを2つのグループで比較して示す統計学的な尺度）を計算すると、第1グループでは88・4にも達する（それだけ結論が恣意的なものになりやすいということ）。

これらの事実に基づいて、この論文は次のように締めくくっている。すなわち、調査研究論文を発表する際には、執筆者がどの団体とつながっているかを明記すべきであり、また研究論文を読む人たちは、その論文が「ひも付き」であるのかどうかを確認したうえで論文の結論の正当性を判断すべきだと結論づけている。

日本でも、調査レポートの中立性に疑問符がつくような問題が起こっている。厚生労働省研究班は、06年10月に「インフルエンザ治療薬タミフル服用の有無によって異常行動の現われ方に差異は見られない」という調査結果を発表した（約2800人の患者を対象とした調査)。

しかしその後、この研究班に属していて大学教授だった人物の講座あてに、「タミフル」の輸入販売元である中外製薬から、奨学寄附金として06年度までの過去6年間で合計1000万円が支払われていたことが分かった。この研究班に属していたほかの大学や研究所にも製薬会社から奨学寄附金や研究費が支払われていた。

もちろん、利害が絡む企業から研究に奨学寄附金が支払われていたからといって、ただちに調査結果が歪められているという推論が成り立つわけではないが、利益相反による調査結果の中立性を疑われないようにするためにも、利害が絡む企業からの寄附金は受け取るべきではないだろう。

血液型性格判断や占いはなぜ当たるのか

科学的な根拠があるかどうかは別として、占いや性格判断はいつの時代にも根強い人気がある。

日本では、血液型性格判断や血液型占いが流行っており、そうした関連の本もたくさん出版されているが、人間の血液型と性格・行動の間に科学的・医学的な因果関係があるというわけではない。

科学的な根拠が存在しないにもかかわらず、多くの人たちは血液型性格判断や血液型占いが当たっていると考えており、実際、血液型性格判断・占いの本はベストセラーになることもあるのだ。

これは、いったいなぜだろうか。多くの人が占いや性格判断が当たると感じる理由は、「バーナム効果」という心理学の理論によって説明がつく。

「バーナム効果」というのは、性格判断や占いの本において、誰にでも当てはまるようなあいまいで一般的な事柄が記述されていることによって、その内容が「自分に当てはまっている」と錯覚してしまう心理的な現象を指す。

たとえば、血液型性格判断の本に「＊型のあなたには内気なところがある」や「＊型のあなたは他人から尊敬されたいと思っている」といった表現があったとしよう。どの血液型であっても、内気な側面はほとんどの人に存在する要素だし、ほとんどの人は多かれ少なかれ他人から尊敬されたいと思っているので、「これ、当たっている！」と思ってしまうわけだ。

ちなみに、「バーナム効果」は、19世紀に活躍した米国の興行師フィニアス・テイラー・

バーナムの名前に由来している。大サーカス団を率いていたバーナムは、「万人に通用する共通の特徴がある」という信念のもと、多くの人が興味を持つような趣向を凝らしたサーカスを展開した。「バーナム効果」は、実験によってこの効果の存在を明らかにした米国の心理学者バートラム・フォアラーの名前をとって「フォアラー効果」と呼ぶこともある。

フォアラーは、学生たちに心理テストをすると見せかけて、全ての学生に同じ性格分析結果を伝えた（この性格分析結果はあいまいで誰でも当てはまるようなもの）。そして、性格分析結果がどの程度当たっているかを学生に5段階で評価させたのだ。その結果、学生たちは性格分析に対して平均して4・2という高い評価をつけたのである。

私たちは、安易に占いや性格判断を信じてしまいがちであるが、占いや性格判断は「バーナム効果」の利用によって成功している面があるということに十分な留意をしておくべきだろう。

「3秒ルール」の真偽を調べてみたら……

世の中には未確認のものも含めて様々な情報が氾濫しているが、私たちが、それらの情報のどれが正しくてどれが間違っているかを正確に把握することは容易ではない。特定分野を専門にする研究者であっても、間違っている情報を正しいと結論づけてしまうことがあるくらいだ。

様々な情報のジャンルの中でも、とくに健康に関わる情報については、それが誤った情報であった場合、後で取り返しのつかないことになるので、私たちは氾濫する情報をただ鵜呑みにするのではなく、その信憑性について慎重な姿勢をとることが求められる。

これは健康の分野に限った話ではないが、科学的な実験やデータによってある情報の正確性を証明しようとしても、そもそも実験の方法やデータの取り方が恣意的であれば、間違った結論に辿り着いてしまう。

具体的に、実験の方法やデータの取り方によって、結論が180度変わってくる事例を挙げておこう。

たとえば、米国には一般に「5秒ルール」と言われるジンクスがある。これは、うっかり食べ物を床や地面に落としてしまっても、5秒以内にガッと拾って食べてしまえばセーフというルールである。セーフというのは、病原菌が付かないから食中毒にならないという意味だ。米国のある世論調査（10年2月に発表）によると、米国の子を持つ父母500

人のうち65％がこのジンクスが正しいと判断していることだ。日本にも同様のジンクスがあって、それは「3秒ルール」として知られている。「5秒ルール」や「3秒ルール」を信じる人は、そのルールを守ることで食べ物の無駄をなくすことができるとか、子供の免疫力をアップさせることができると考えているようだ。

では、こうした「5秒ルール」や「3秒ルール」は本当に正しいのだろうか。「5秒ルール」の信憑性については、これまで様々な科学的アプローチが試みられてきたが、肯定的な結論もあれば、否定的な結論もあり、はっきり分からないというのが実情であった。

しかし、最新の研究結果では、食べ物に細菌が付着するかどうかは、どうやら「時間」ではなくて「場所」に関係していることが分かってきた。

「5秒ルール」を肯定する実験データは、もともと細菌が少ない場所で実験を行っていたからそうなるのであり、逆に「5秒ルール」を否定する実験データは、もともと様々な病原菌がたくさんある場所で実験を行ったからそうなるということだ。

つまり、いくら「時間」を区切って精密な実験を行っても、あらかじめ「場所」の問題をうまくコントロールしておかないと、結論がケース・バイ・ケースで異なってきてしまうということである。「場所」で考えた場合に、最も病原菌が多いのが、生肉などを扱うことが多い家庭の台所だそうだ。逆に、日光などに照らされたアスファルトなどには病原菌が比較的少ないと言われる。

さらに、その場所に、どのような細菌が存在しているのかも「5秒ルール」の妥当性に影響を及ぼしてくる。たとえば、食中毒を起こすサルモネラ菌の場合、移動速度が非常に速く、すぐに食べ物に付着するので「5秒ルール」は当てはまらない。

結局、どの場所に（食中毒を引き起こすような）危険な病原菌がたくさんいるかは、事前には分からないので、落ちた食べ物をもったいないからという理由で、すぐに口に運ぶのは、常日頃から控えておいたほうがいいということになるだろう。

39・9度！――幻の9月史上最高気温

厳しい残暑となった10年9月5日、京都府の京田辺市では、この夏の最高気温となる39・9度を記録した。

しかし、後にこの最高気温の記録が疑問視されるようになり、9月30日には、気象庁が39・9度の記録を、精度に難のある「疑問値」として取り扱うことを決めた。この結果、9月史上最高気温は00年9月2日に記録した埼玉県・熊谷の39・7度、10年の最高気温は

7月22日に記録した岐阜県・多治見の39・4度に修正された。

なぜ、39・9度の記録は幻に終わったのか？　実は、気温を計測していたアメダス（地域気象観測システム）京田辺観測所の温度計を設置したポールにつる草が大量に巻きついて、正確な気温が計測できていなかったのだ（アメダスの設置基準は風通しや日当たりの良い場所で周囲の地形や建物などに影響されないこととされている）。

アメダスとは、各地域の気象情報を自動観測する気象庁のシステムを指す。気温や風、雨、雪など詳細な気象情報を把握することを目的に1974年から導入されるようになった。降水量の観測所は全国に1300カ所もあり、そのうち900カ所以上では気温も計測している。これだけ気象観測システムが充実している国は世界でも珍しく、アメダスは日本の天気予報の精度向上にも貢献してきた。

ところが、今回のような問題が発生した。アメダス京田辺観測所の問題を受けて、気象庁は全国のアメダスを緊急点検し、その結果を発表した。それによると、15地点は雨量計に草が覆いかぶさるなど観測環境が不適切で、そのうち6地点は観測データに問題があったという（京田辺観測所を含む）。

日本は、アメダスという世界有数の地域気象観測システムを持っているにもかかわらず、それが適切に管理されておらず、一部の地域では正確なデータがとれていなかったということになる。

ES細胞、温暖化etc. 後を絶たない捏造疑惑

私たちが自然科学に関する論文やそれに付随した統計数字を見る際に注意しなくてはならないのは、研究者の中には（ごくまれに）、自分の主張に不都合なデータや実験結果を意図的に隠蔽《いんぺい》したり、自分の主張に合うようにデータや実験結果を捏造《ねつぞう》する者がいるという点だ。

「学術論文だから、そこに載っているデータや実験結果に間違いはない」と考える人は多いが、データの捏造が起こる可能性を考えると、査読を受けた学術論文だからといって、あるいは権威ある科学誌に掲載されている論文だからといって、その結論を100％信頼するわけにはいかないということになる。

たとえば、05年末には、韓国のソウル大学において、「世界で初めてヒトクローン胚から胚性幹細胞（ES細胞）を作製した」という内容の研究論文のデータが捏造されていたことが判明した。

捏造事件の経緯を振り返ると、ソウル大学の黄禹錫《ファンウソク》・元教授は04年2月にヒトクローン胚からＥＳ細胞をつくったという論文を米国の科学誌『サイエンス』（電子版）に発表した。また、05年5月には、『サイエンス』（電子版）に、クローンの技術を使って患者11人の皮膚細胞からＥＳ細胞をつくることに成功したと発表した。

ところが、後になって黄・元教授の研究協力者が05年5月に発表された論文は捏造であると暴露してしまう。ソウル大学の調査委員会が調査に乗り出し、05年5月の論文と04年2月の論文が捏造であったと断定した。

この事件によって、科学技術分野における韓国の国際的信用は一気に失墜することになってしまった。

黄・元教授は国や研究機関から研究支援金として約６４００万円をだまし取ったとして起訴された。09年10月には、ソウル中央地裁で、黄・元教授に対し懲役2年、執行猶予3年の判決が言い渡されている。

最近では、地球温暖化の原因をめぐってデータの捏造疑惑が持ち上がった。二酸化炭素が原因で地球の温暖化が急速に進んでいることを示す「ホッケースティック曲線」というものがある。この曲線は国連の「気候変動に関する政府間パネル（ＩＰＣＣ）」の第４次報告書に記載されており、地球温暖化の原因が二酸化炭素であるという主張の重要な根拠となっている。

この「ホッケースティック曲線」のオリジナルを最初に作成したのは米国のペンシルバニア州立大学のマイケル・マン教授であるが（98年に発表）、IPCCの中心的人物の一人である英国・イーストアングリア大学気候研究所（CRU）のフィル・ジョーンズ教授がIPCCの報告書を執筆する際にも使用した。

そして、09年11月上旬に事件は起こった。マイケル・マン教授にCRUのフィル・ジョーンズ教授が送った電子メールに、このグラフのデータに「トリック」を使ったと解釈できるような内容が記載されていたことが分かったのだ。

なぜ、個人的な電子メールの内容が外部に漏れたかと言えば、何者かがイーストアングリア大学のサーバーに不正アクセスし、約1000件の電子メールを盗み出し、それをインターネット上で公開したからだ。

その後、CRUのフィル・ジョーンズ教授は問題となっている電子メールが自分の発信したものであると認めたが、「トリック」という言葉の意味はデータを改ざんしたということではなく、別の意味合いで使ったと主張した。

この事件は「ウォーターゲート事件（70年代に米国のニクソン大統領が辞任に追い込まれるきっかけとなった事件）」をもじって「クライメート（気候）ゲート事件」と呼ばれている。

「クライメートゲート事件」を受けて、英国議会や大学などが調査に当たった。その結果、英国下院の科学技術委員会は、「トリック」という言葉は観測データの補正を意味するだけで、捏造はなかったと結論づけた。

また、イーストアングリア大学の独立調査委員会とオランダ政府環境評価庁（PBL）もデータの捏造はなかったと結論づけた。

今回の調査結果により「ホッケースティック曲線」の作成方法に問題はなかったということは分かった。しかし、フィル・ジョーンズ教授が研究者として本当に客観的・中立な立場にあるかという点では疑惑が拭《ぬぐ》い去れない。

というのも、大量に流出した電子メールの中には、地球温暖化の原因が二酸化炭素であるという主張に懐疑的な研究者の論文を掲載しないよう呼びかける内容も見つかっているからだ。自分たちの主張に不都合な研究は排除しようという姿勢は、研究者の資質として問題ありと言えるのではないか。

第5章

「調整」という名の情報操作

——政府発表のカラクリ

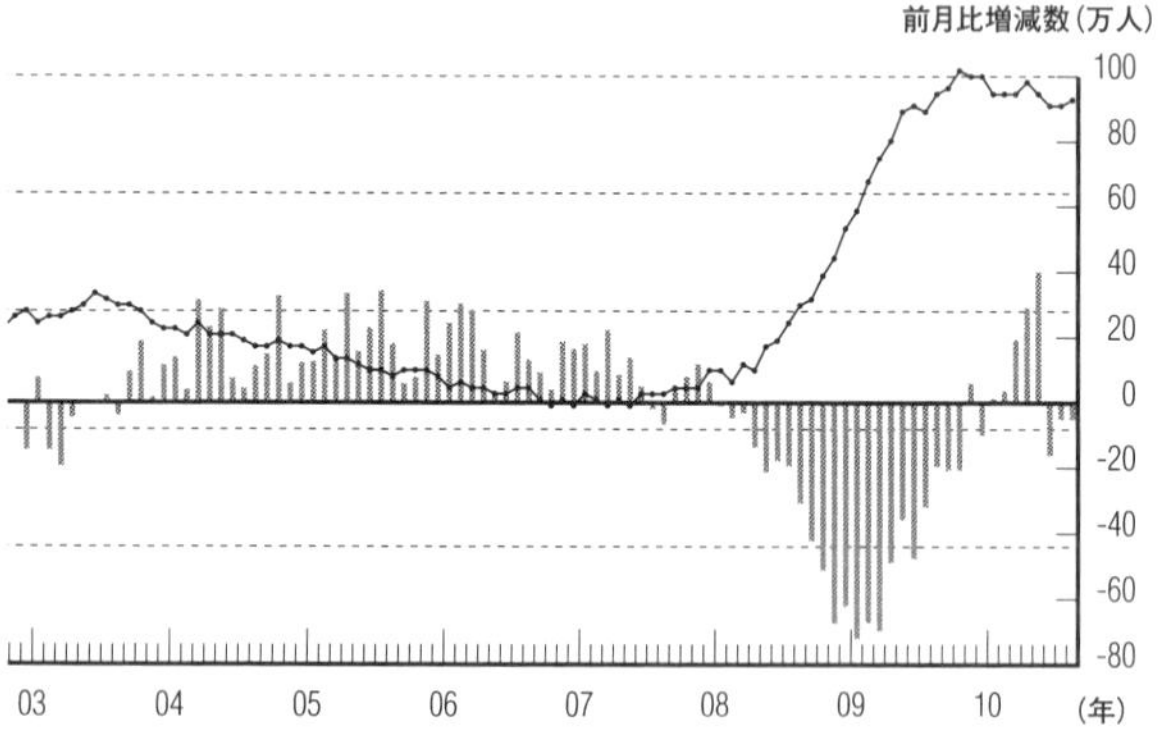

（出所）米国労働省資料より作成

米国景気の最重要指標「雇用統計」の信憑性

第4章では自然科学の分野におけるデータの信憑性を解説したので、第5章では経済・社会データの信憑性についてみていくことにしよう。

まずは、米国の雇用統計の話。米国政府が集計・公表する様々な経済統計の中でも、毎月発表される雇用統計は米国景気の動向を判断するにあたって最も注目度が高い指標のひとつになっている。

雇用統計の結果を受けて、株価や金利、為替レートといった金融マーケットが大きく変動することも珍しくない。

しかし、これだけマーケットの注目度が高

図表5-1 米国の非農業部門雇用者数と失業率の推移

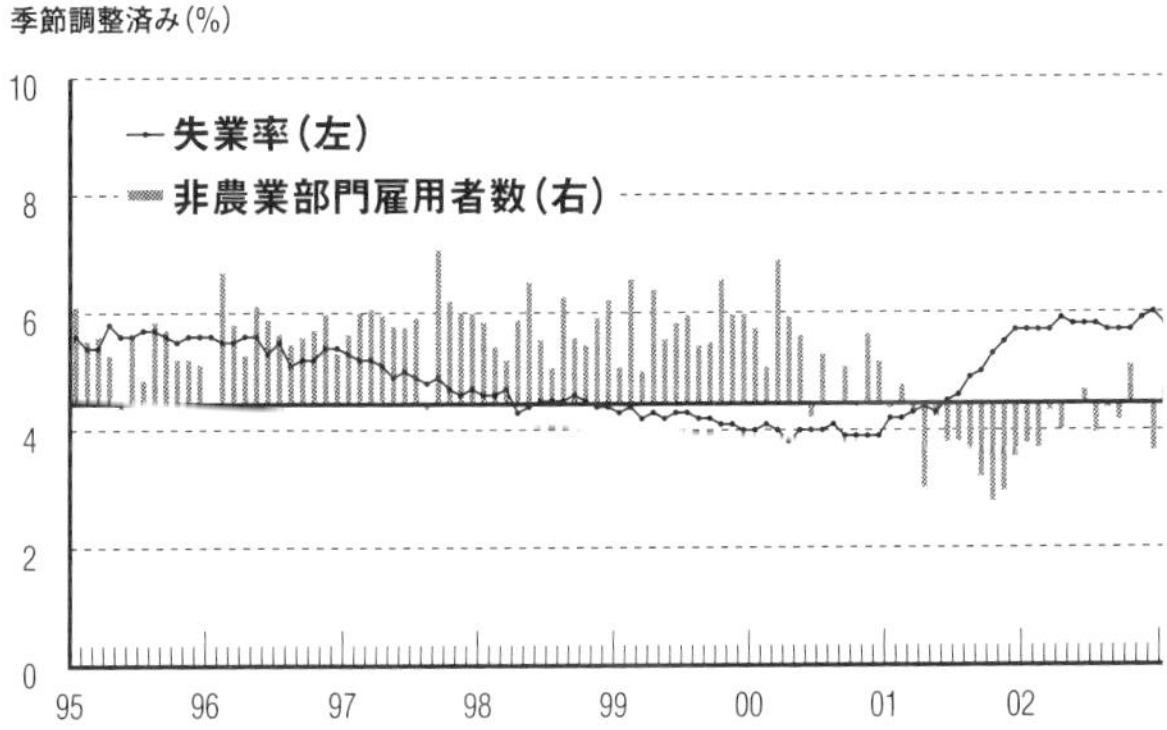

い統計であるにもかかわらず、米国の雇用統計は誤差が大きく、その精度に疑問の目が向けられている。雇用統計の結果を鵜呑みにしていると、米国景気の実態をミスリーディングしてしまう恐れもあるだろう。

米国の雇用統計には、個別の家庭に対するヒアリング調査に基づく失業率と、企業に対するヒアリング調査に基づく非農業部門の雇用者数の2つがある(図表5-1)。このうち、とくに誤差が大きいと言われるのが、非農業部門の雇用者数の統計だ。

誤差が大きいということは、それだけ雇用統計の結果を予測するのが困難であることを意味する。実際、雇用統計が出る前には、シンクタンクなどの民間調査機関や著名エコノミストが雇用統計の事前予想数字を発表するが、この予測が当たることはあまりない。事前予想と実績がズレるので、それがマーケットを大きく変動させることにもなっている。

ではなぜ、雇用者数の統計は誤差が大きくなってしまうのだろうか。雇用者数の統計誤差が大きくなるのには、いくつかの要因がある。

ひとつは、基準改定の問題だ。毎月発表される月次のデータは、サンプル調査に基づいた推計値になっており、全数調査ではない。そこで、推計値を実績値と一致させるべく、年に1度の頻度で基準改定がなされる。具体的には、州単位で集計された失業保険をもとに、推計値を実績値に改定する作業を行うのだ。この基準改定によって、過去に発表された統計数字が大きく変わってくる。

たとえば、92年6月、米労働省は雇用統計の基準値の変更を行ったが、その際には、景気後退期の雇用の減少数が従来発表していた数値に比べて約3割も多いことが判明している。つまり、90年代初頭の米国の景気後退では、統計数字が示していた以上に、雇用の悪化が深刻なものであったということだ。このときには、マーケット関係者から政府が意図的に雇用統計の数字を操作していたのではないかという批判も出た。

また、月次のサンプル調査の結果は、翌月の第1金曜日の午前8時30分に発表されるが、この段階ではサンプル調査の対象となっている事業所の40％から60％程度しか調査が進んでおらず、その翌月に全てのサンプルを対象とした改定値が必ず発表されることになっている。改定値への変更によって当初の数字が大きく変わることも、雇用者数の統計を解釈しづらいものにしている。

さらに、「バースデス調整（ＢＤＡ）」と呼ばれる起業・廃業の集計も、雇用統計の正確性を損なう要因となっている。

ＢＤＡは米国独特の方式で、新規の起業と廃業に伴う雇用の増減を集計するのだが、この数字はあくまでも統計モデルを使ってはじき出した推計値であって実績値ではない。ＢＤＡの推計値は、景気の波の影響が反映されづらいという特徴があり、このため不況期には雇用を過大に推計、好況期には雇用を過小に推計しやすくなってしまう。しかも、最近では、このＢＤＡの部分で毎月の雇用統計がかなり変動するようになっており、それが雇用統計の正確性を低下させることにつながっている。

もうひとつ、雇用統計の誤差が大きくなる要因となっているのが、季節調整の問題である。

米国では、毎年10月、11月になると年末商戦のために、大量の臨時雇用が発生する。そして、年が明けた1月にはその臨時雇用が解雇されるという季節的なパターンが存在する。米国労働省は、統計的な処理によって、この季節要因を取り除いており、季節調整をかけた雇用者数の統計を発表しているのだが、実際には季節要因を正確に取り除くのは至難の技で、その結果、季節調整をした統計数字が実態から乖離することになってしまうのだ。

こうした米国の雇用統計の現状を踏まえると、米国の雇用動向を把握するにあたっては、注目度はそれほど高くはないが、毎週木曜日に発表される週間失業保険新規申請件数をウォッチしたほうが正確であると言えるかもしれない。

財政収支のウソ発覚が招いたEU経済危機

今度は財政に関する統計数字の信憑性を考えてみたい。財政収支に関する統計は、各国の政府が直接集計・発表するものなので、信用度は高いと思いがちだが、実際のところはそうでもない。

国の財政が健全なほうが国際的に高い評価が得られるという理由から、一部の国では、まれに政府が財政収支の数字を意図的に水増しすることがあるのだ。財政収支の統計は国の信用に直接関わってくるものなので、もし意図的に数字を水増ししていたことが発覚すれば、国際的な信用を失うなど、後で手痛いしっぺ返しを食らうことになる。最近、財政収支のウソが発覚して大問題へと発展したのが南欧のギリシャだ。ギリシャの09年の財政赤字額は、GDP（国内総生産）に対する比率で13・6％にも上った（図表5－2）。

しかも、ギリシャ政府が財政赤字の数字を粉飾していたことが明らかになり、それによってギリシャは国際的な信用を失うことにもなった。ギリシャでは09年10月に新政権が発足した際、前政権による財政データの改ざんが判明した。09年の財政赤字の見込み額は前政権時にはGDP比6％だったが、それが一気に2倍以上に膨らむことになったのだ。

財政悪化と信用失墜により、ギリシャ国債の格付けは大幅に引き下げられた。ギリシャの金融機関はこれまで国債を担保にして欧州中央銀行（ECB）などから借り入れをしていたのだが、国債が格下げになれば、担保としての魅力がなくなり、ECBから資金調達をすることが困難になる。

最悪の場合、ギリシャという国そのものが、短期的な資金繰りに支障をきたし、デフォルト（債務不履行）になってしまう恐れも出てくるようになった。

その後、いわゆるPIGS（ポルトガル、イタリアもしくはアイルランド、ギリシャ、スペイン）のグループ全体で財政の健全性に懐疑的な見方が出てきたため、それによって

図表 5-2 日本とギリシャの財政収支の推移

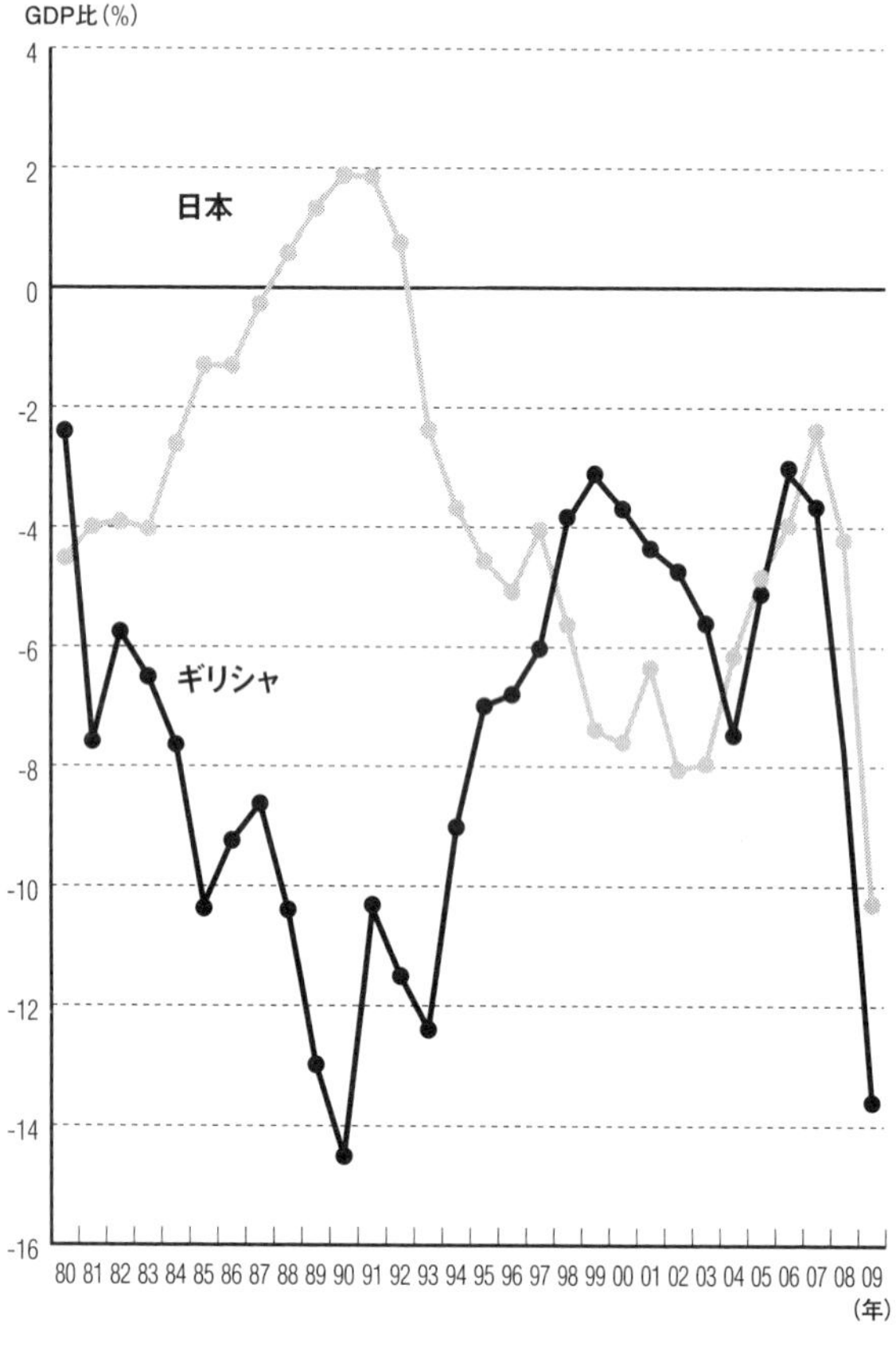

(出所)IMF(国際通貨基金)資料より作成
(注)日本の09年は見込み

ユーロに対する信用が低下し、大幅なユーロ安を招くことになった。

さらに、10年6月には、04年にEUに新規加盟した東欧のハンガリーでも財政収支の統計数字が粉飾されていた可能性が高まった。

ハンガリーでは、10年4月に8年ぶりに政権が交代して中道右派「フィデス・ハンガリー市民連盟」を率いるオルバン政権が発足したのだが、この新政権が10年6月4日に社会党前政権の時代に財政のデータが改ざんされていたと発表したのだ。前政権では10年のハンガリーの財政赤字がGDP比で3・8%に上るとしていたのだが、新政権の推計ではGDP比で7%以上になる可能性が高いという。ハンガリーの財政問題は「第2のギリシャ危機」とも呼ばれる。

財政収支の数字が怪しいと疑われる国が相次ぐ中、10年5月10日には、EUがギリシャ問題に関する緊急支援策を発表した。緊急支援策の内容は3つある。ひとつは、日銀、カナダ銀行、イングランド銀行、ECB、米連邦準備制度理事会（FRB）、スイス銀行が金融市場にドル資金を供給するというものだ。具体的には、FRBが各国の中央銀行と通貨を交換し合う形でドル資金を一時的に貸し出す「スワップ協定」を締結した。これは、信用不安の広がりによって、一部の金融機関でドル資金が不足するようになったことに対応した措置である。

もうひとつの対応策は、ＥＣＢが、ユーロ圏の国が発行する国債を購入するというものだ。ＰＩＧＳでは（国債価格の急落に伴い）国債の利回りが急騰しているため、ＥＣＢが信用力の低下した国債を買い取ることで、国債価格を引き上げ、国債の利回りを低下させる。市場金利が低下すれば、企業や金融機関の資金調達が容易になるという効果が期待できる。

さらにＥＵ緊急財務相会議で、ギリシャ危機が他国に波及することのないように最大７５００億ユーロ（当時のレートで約90兆円）の緊急支援の枠組みを整えることでも合意した。ＥＵが５０００億ユーロ、国際通貨基金（ＩＭＦ）が２５００億ユーロの支援を実施する。

緊急支援策が打ち出されたとはいえ、その実行可能性には不透明感が強く、欧州経済の本格回復にはかなりの時間を要するとみられる。

金融システム健全性チェックテストは健全か

学校の試験で80点以上をとったら「Ａ」の評価がつき、40点以下をとったら落第だとしよう。もちろん、評価は相対評価ではなく絶対評価である。この場合、担当の先生が難問ばかりの試験を作成すれば落第生が続出することになる。逆に、易しい問題を作成すれば落第生の数は減り、「Ａ」の評価をもらう生徒が増える。つまり、試験の点数という客観的な判定基準があっても、問題作成の段階で主観が入れば、結果はいかようにも変わってくるということだ。

金融システムの健全性をチェックする場合にも同様のことが言える。チェックの基準を甘くすれば、金融システムの健全性は高いという結果になるし、チェックの基準を厳しくすれば、金融システムの健全性は低いという結果になる。

金融システムの健全性に対するチェックの厳格性について、ここでは欧州で行われたストレステストを例に取り上げてみよう。

欧州銀行監督委員会（ＣＥＢＳ）は10年７月23日、ストレステストの結果を発表した。ストレステストは、金融機関の健全性を測るための検査。景気の悪化やそれに伴う株価の下落など、なんらかの「ストレス（負荷）」がかかったときに、どの程度の損失が生じるかをシミュレーションし、そのストレスに耐えられるだけの自己資本があるかどうかを判定するものだ。

ストレステスト実施の狙いは、金融機関の経営状況を透明化し、欧州の金融機関の信用回復を図ることにある。

米国でもリーマンショック後の09年5月にストレステストを実施しており（金融大手19社を対象）、10社に自己資本不足の恐れがあるとして、これらの金融機関に増資を求めることで、金融システム不安の鎮静化につながった。

今回のストレステストでは、欧州の10年と11年の実質GDP成長率が欧州委員会の策定した標準シナリオに比べて大幅に悪化した場合を想定するとともに、ソブリンリスクが高まって、各国の国債価格が下落した場合の金融機関に与える影響をシミュレーションしている。PIGS（ポルトガル、イタリア、アイルランド、ギリシャ、スペイン）のグループについて5年物国債の下落率（09年末から11年末にかけて）をみると、ギリシャが23・1％下落、ポルトガルが14・1％下落、アイルランドが12・8％下落、スペインが12・0％下落、イタリアが7・4％下落と想定されている（図表5－3）。

この前提条件での試算の結果、普通株や利益剰余金など中核的な自己資本（ティア1）比率が6％以上であれば、その金融機関はストレステストに「合格」という判定になる。

結果をみると、ストレステストの対象となった91の銀行のうち、「不合格」、つまり自己

図表 5-3 ストレステストにおける5年物国債の下落率の想定(PIGSのグループ、2011年末)

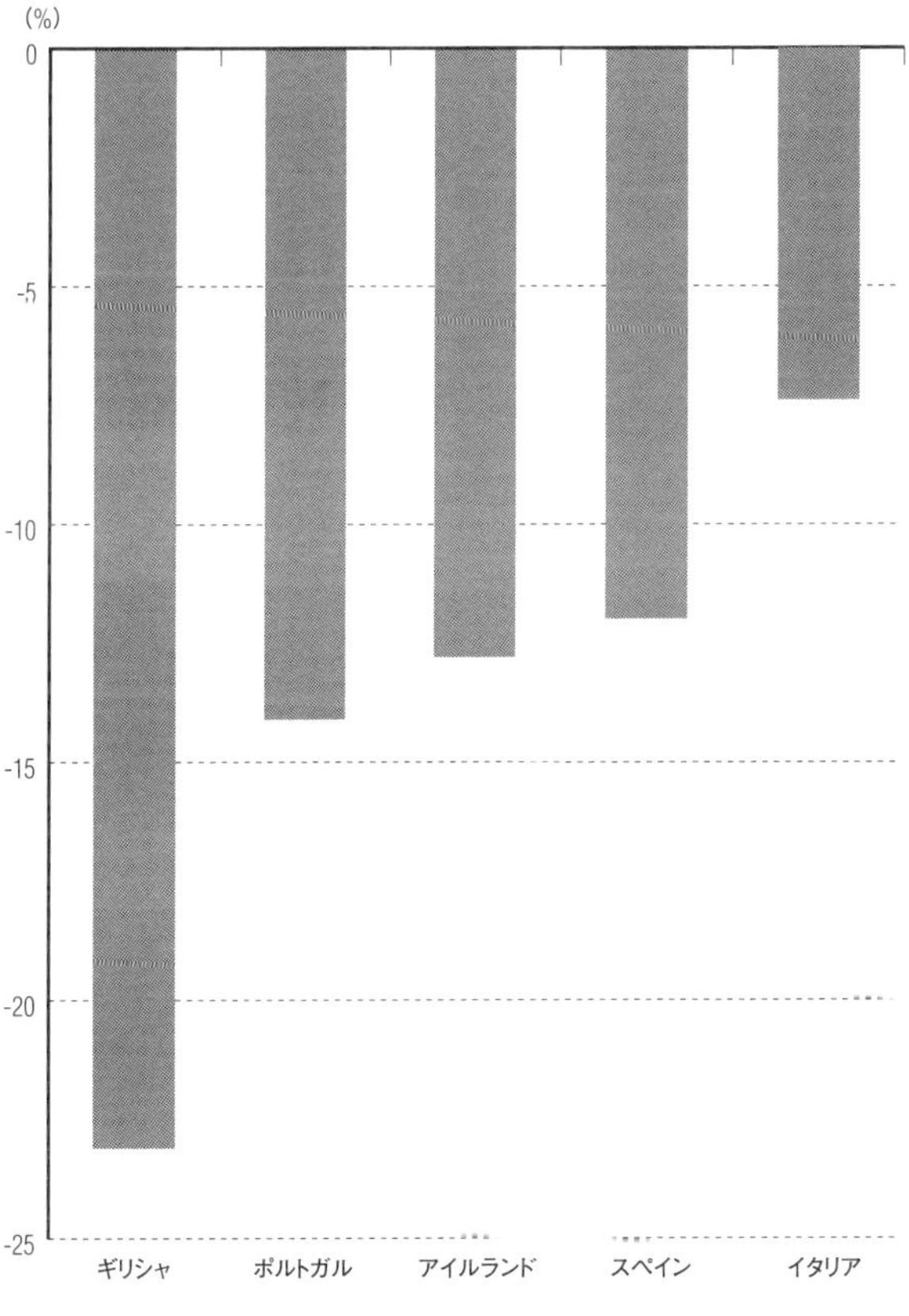

(出所)CEBS資料より作成

資本不足を指摘されたのは7行にとどまった。「不合格」になった7行の自己資本不足額は合計で35億ユーロ（当時のレートで約3950億円）になっている。この金額は事前に市場で予想されていた額の10分の1程度にとどまり、米国の746億ドル（約6兆5000億円）も大きく下回る。

CEBSは、米国のストレステストでは15％の確率で起こる事態を想定したが、欧州が実施したストレステストは、5％の確率で起こる事態を想定したものと説明している。

つまり、米国は7年に1度の不況を想定したが、欧州は20年に1度の大不況を想定したということであり、非常に厳しいストレスをかけたということだ。それでも、結果はそれほど悪いものではなかったので、欧州の政策当局は、今回の検査結果で「欧州の金融機関の健全性が証明された」と前向きに評価している。

しかし、市場関係者の間では、ストレステストの結果が良かったのは、前提条件が甘かったからと指摘する向きは多い。とくに査定の基準が甘いとされるのが、ソブリンリスクの前提であり、今回のシミュレーションでは、金融機関が売買目的で保有する国債価格の下落を想定しているが、売買目的ではなく国債を満期まで保有する場合のリスクは考慮されていない。

一部の国がデフォルト（債務不履行）を引き起こした場合には、保有する国債の価値がゼロになることによって、金融機関は大きな打撃を受ける可能性がある。

短期的にはストレステストの結果が良好であったことを受けて、欧州の信用不安はひとまず落ち着きを取り戻すかもしれない。ただし、ストレステストの内容が、起こりうるリスクを十分に踏まえたものではなかったので、中長期での欧州の信用不安を拭い去るまでには至らないだろう。

エンゲル係数的にはどんどん豊かになっている日本の家庭

「1人あたりGDP（国内総生産）」や「実質賃金（物価変動の影響を除いた賃金）」など、豊かさを測るモノサシには色々な種類があるが、消費の質という側面から豊かさを測る指標として「エンゲル係数」というものが知られている。読者のみなさんも学校の授業などで一度は耳にしたことがあるのではないか。

念のために確認しておくと、エンゲル係数とは、家計の消費支出に占める食料費の割合を示した数値。

一般に、人々の暮らし向きが良くなってくると、消費の内容にも変化が現れてくる。19

世紀末、ドイツの社会統計学者エンゲル（Engel）は、ベルギーにおける労働者の家族の生活費を調べるなかで、人々の所得が上昇するに連れて、消費支出全体に占める食料費が低下するという経験則（エンゲルの法則）を発見した。エンゲル係数は、彼の発見したこの法則にちなんでつけられた名前だ。

生活が豊かになると、なぜ消費支出全体に占める食料費の割合が低下するのだろうか。食料は、人間が生きていくうえで欠かせないものだ。かすみだけを食べて生きていけるのは仙人ぐらいだろう。

どんなに貧しい家庭であっても、一定の食料費は財布のなかから自動的に出ていくことになる。しかし、所得が増えて暮らし向きが良くなってくると、よほどの大食漢でない限り、所得が増えるほどには食料費は増えなくなってくる。

豊かになった人たちは、自動車を買ったり、パソコンを買ったり、携帯電話を買ったり、旅行に出かけたりと、食料以外のモノやサービスをたくさん消費するようになる。

こうした事情から、エンゲル係数が低下すればするほど、人々の生活水準は向上しているという判断になる。エンゲル係数で個別の家庭の生活水準を判断する場合、食生活の嗜好などによって若干の違いはあるが、20％以下であれば上流家庭、30％前後は中流家庭、

50％近くになると「生きるのがやっと」と言われている。

では、実際に日本の家庭のエンゲル係数を眺めてみることにしよう。総務省「家計調査」をもとに、全世帯平均のエンゲル係数の長期的な推移をみると次ページのようになる（図表５－４）。これによると、エンゲル係数は１９６３年から09年までほぼ一貫して低下している様子が分かる。

とくに、日本が高度成長期にあった60年代から70年代にかけてエンゲル係数が著しく低下している。63年時点のエンゲル係数は38・７％であったが、79年には29・２％と、30％を切る水準まで低下した。05年は22・９％と過去最低の水準を記録、直近の09年は23・４％になっている。

エンゲル係数の動きから判断すると、日本の一般的な家庭は非常に豊かになったということになる。

しかし、豊かさを実感できない人が数多く存在するなかで、本当にエンゲル係数の低下は人々の生活が豊かになったことを表しているのか。

筆者は、近年のエンゲル係数の低下には、生活の豊かさとはあまり関係のない別の要因が働いている可能性が高いとみている。

図表 5-4 日本のエンゲル係数の推移

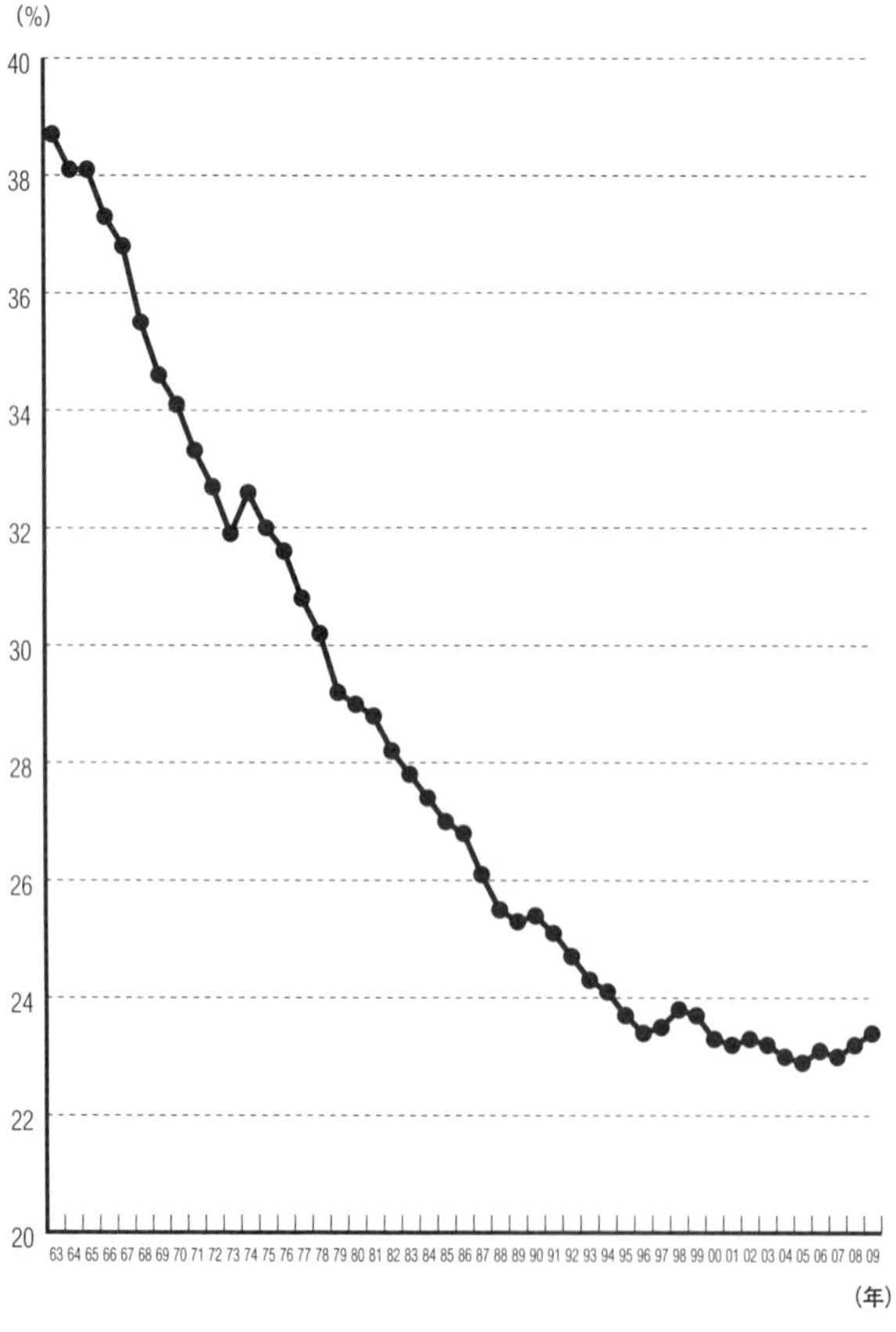

(出所)総務省資料より作成

では、別の要因とは何か。それは、少子高齢化の進展である。現在の日本では少子高齢化が急速に進んでいる。家族の熟年化・高齢化が進むと、あまり食料にお金をかけなくなってくる。

人間は、若い頃は肉や魚を中心にたくさんの食料を摂取するが、年をとると、若い頃に比べて食料の摂取量は極端に減ってくる。

老夫婦の場合には、1回の食事が御飯と味噌汁とお新香だけといったケースも少なくない。カロリーの高いものを摂取し続けると、メタボリックシンドロームになる危険があるので、あえて質素な食事をする熟年層も増えている。

少子高齢化の進展によって、食料の摂取量が多い若年の人口割合が低下し、その一方で食料摂取量が少ない高齢層の割合が上昇しているので、こうした要因によってエンゲル係数には低下圧力がかかることになる。

また、エンゲル係数の数値は、1世帯あたりの平均でみるのだが、核家族化が進んで1世帯あたりの世帯人員が減少しているなかでは、消費全体に占める食料費は小さくなる傾向がある。実際、総務省の家計調査によって1世帯あたりの世帯人員をみると、63年には4・30人であったが、09年は3・11人まで減少している。

つまり、別に生活が豊かにならなくても、日本全体の胃袋の大きさが小さくなることを通じて、自然とエンゲル係数は低下する傾向があるということだ。

さらに、消費者の低価格志向を反映して、ハンバーガーや牛丼をはじめとする外食費の値段が他の品目に比べて大きく下がっていることも食料支出の減少を招き、エンゲル係数低下の一因となっている。

だから、表面的にエンゲル係数が低下しているからといって、一概に国民の生活水準が向上していると判断することはできない。

このように、近年のエンゲル係数は豊かさとは別の要因で低下しているので、豊かさを示す指標としてエンゲル係数だけに注目するのは危険だ。

豊かさを判断するにあたっては、実質賃金の動きなどエンゲル係数以外の指標にも広く目を配っておく必要があるだろう。

実感に合わない「いじめ統計」を解読する

世の中には、様々な経済統計や社会統計が存在する。こうした統計を実際にみたり、使ったりすることは身近な日常生活にはあまり縁のないようにもみえるが、ビジネスパーソンにとって統計は重要な武器になる。

統計数字をうまく使いこなすことができれば、プレゼンテーションなどで客観的で説得力のある説明ができるようになるだろう。数字による裏づけがあって、はじめて、あなたの主張は説得力を持つようになる。

もちろん、やみくもに統計数字を使えばいいというものではない。ビジネスなどの現場で統計を使う場合には、あらかじめその統計の調査対象についてきちんと把握しておくことが必要だ。

なぜかと言うと、統計の調査対象の定義があいまいであったり、調査対象のサンプル数が限られていたりすると、統計数字が現実の経済・社会を映す鏡ではなくなってしまう恐れがあるからだ。

統計数字が自分の実感と合わない場合には、なぜ実感と合わないのかを統計の作成方法にまでさかのぼって検証する必要がある。

ここで、統計の調査対象の定義があいまいであったために、統計数字が歪んだものになってしまった例として「いじめ」調査の統計を紹介しておきたい。

この統計は、文部科学省が毎年行っているもので『児童生徒の問題行動等生徒指導上の諸問題に関する調査』というものだ。

この統計によると、06年度に全国の小学校・中学校・高等学校が認知した「いじめ」の件数は、12万4898件に上った（図表5-5）。前年度に比べて6・2倍の規模に達している。わずか1年間で「いじめ」の問題がこれほど深刻化したということだろうか。いや、そうではない。

これは、「いじめ」の定義を、より広い範囲でとらえ直したことによって起きた現象と言える。

これまで、メディアで「いじめ」による児童の自殺などが報道されるなど、「いじめ」の問題は深刻化しているというのが世間一般の認識だった。ところが、文部科学省の「いじめ」の統計では、05年度まで「いじめ」の認知件数はむしろ減少の一途をたどっていたのだ。

世の中の実感と統計数字の乖離はどこから生じているのかと考えていくと、どうやら統計における「いじめ」の定義がかなり限定されたものになっていることが大きな原因ではないのかということになった。

これまでの「いじめ」の定義をみると、「自分より弱い者に対して一方的に、身体的・心

図表 5-5　いじめの発生件数

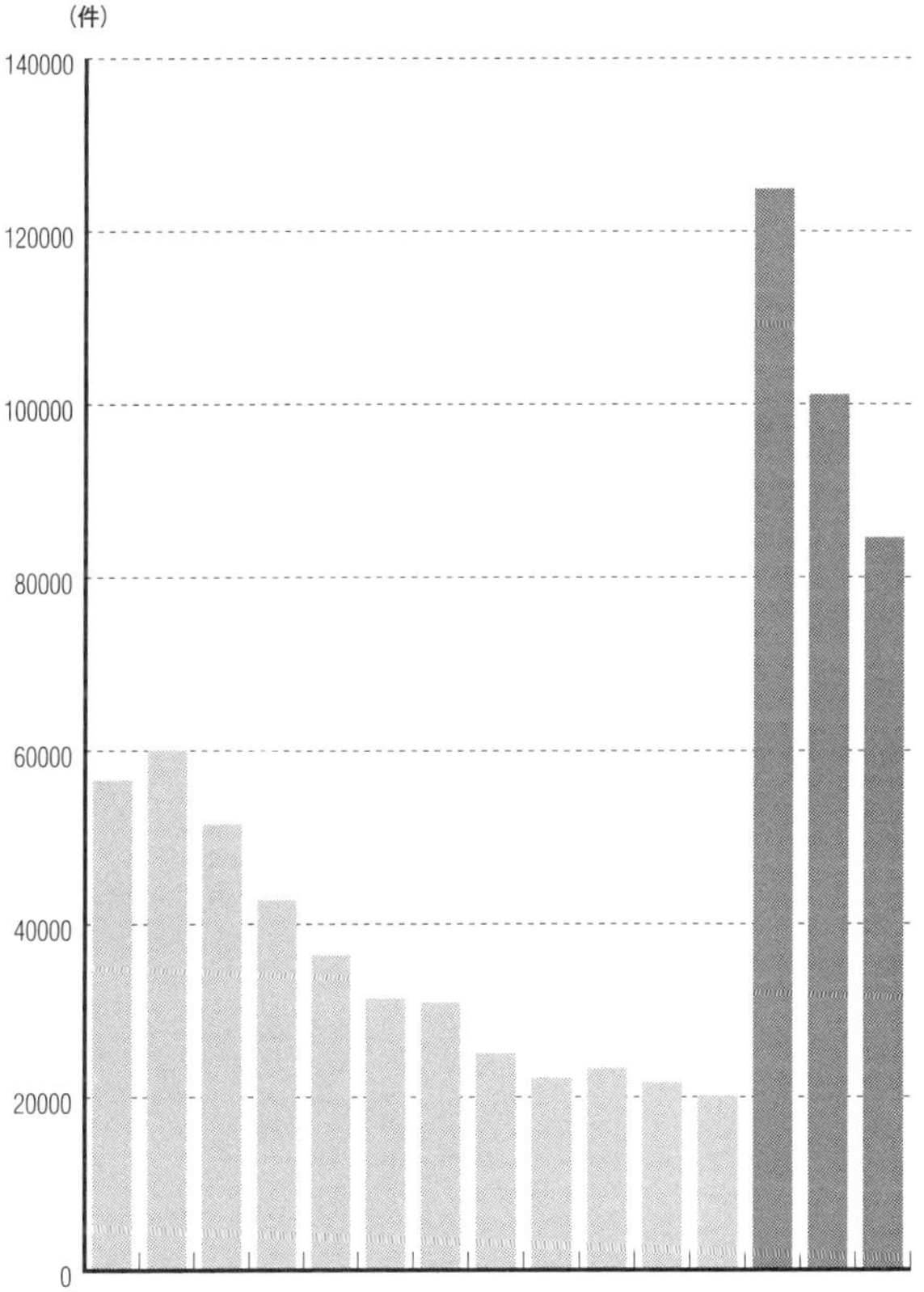

（出所）文部科学省資料より作成

理的な攻撃を継続的に加え、相手が深刻な苦痛を感じているもの。なお、起こった場所は学校の内外を問わない。」となっていた。これをみても分かる通り、いじめの対象範囲はかなり限定されていたということだ。

そこで、06年度の調査では、実態にそぐわない「いじめ」の定義を見直して、「一定の人間関係のある者から心理的・物理的な攻撃を受け、精神的な苦痛を感じているもの」と変更した。この定義では、従来の定義に含まれていた「一方的に」とか「継続的に」といった文言が除かれて、より広範な行為が「いじめ」と認定されるようになっている。

もうひとつ、今回の調査では、従来調査では公立の学校に限っていたものを、国立・私立の学校を加えるというように調査対象が拡大されている。

統計の定義や調査対象を変更して統計を取り直すと、いじめの認知件数は、私たちの実感に合ったものに近づいたと言えるのではないか。

今回の統計の改定によって、「いじめ」の実態がよりとらえやすくなったことは間違いないが、課題はまだ残っている。

たとえば、「いじめ」の定義だが、ある行為が「いじめ」になるのかどうかという判定基準は非常に難しいものがある。「いじめ」の定義をさらに客観的なものに変えていく必要がある。

また、この統計は、個別の学校からアンケートをとって集計しているのだが、「いじめ」があるということになると、その学校にとっては大きな問題になるので、学校側はできるだけ「いじめ」の件数を少なくしたいというインセンティブが働くようになる。それによって、実際には「いじめ」が起きているのに、それを隠蔽して件数をわざと少なめに報告する可能性がある。

最後に、統計の結果を、具体的な「いじめ」の防止策にどのように役立てていくかという点についても今後、検討していく必要があるだろう。

最近の若い親は子育てがなっていないから虐待が増えた?

近年では「いじめ」の件数のみならず、親などの保護者が児童（18歳に満たない者）に対して虐待を行う児童虐待の件数も急増している。児童虐待件数が増えた背景にはどのようなことがあるのだろうか。

警察庁の統計によって児童虐待事件の検挙件数をみると、00年代後半から急増しており、直近の09年には335件と過去最多を記録した（図表5－6）。

図表5-6　児童虐待事件の検挙件数

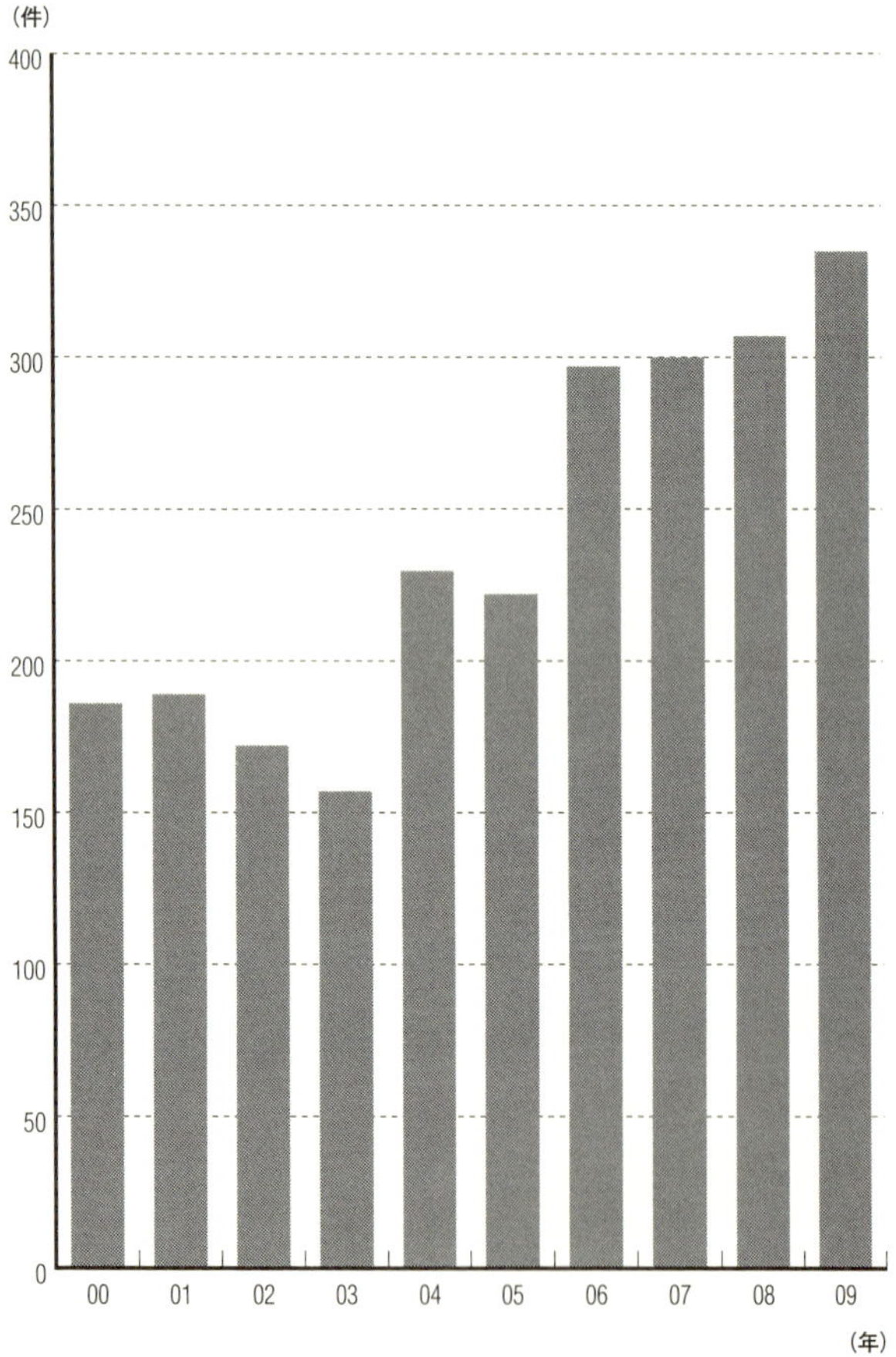

（出所）警察庁資料より作成

この統計数字だけをみて判断すれば、「最近の若い親は、昔の親に比べてきちんとした子育てができなくなっている」という解釈が成り立つだろう。確かに、自分の子どもを虐待する親の数は増えているのかもしれない。

しかし、それだけでなく、別の要因によっても児童虐待の検挙件数の数字がかさ上げされていることを見逃してはならない。

別の要因というのは、たとえば、各種のメディアが児童虐待の問題を大きく取り上げるようになったことや、厚生労働省が児童虐待を問題視し、全国の自治体に対して児童虐待問題への取り組み強化を求めるようになったことなどだ。

社会全体が児童虐待の問題に対して神経質になり、その結果、児童虐待の疑いがある事案について児童相談所に通報する件数が増えるようになったと考えられる。

実際、厚生労働省の統計によると、全国の児童相談所における児童虐待相談対応件数は、00年代以降急増しており、09年度は過去最高の4万4210件（速報値）にも達した（図表5－7）。

過去に比べて児童虐待問題に対する人々の意識が高まり、児童相談所への通報が増えれば、当然のことながら、それまでは水面下に隠れて表面化していなかった事案も表面化す

図表 5-7　児童相談所における児童虐待相談対応件数

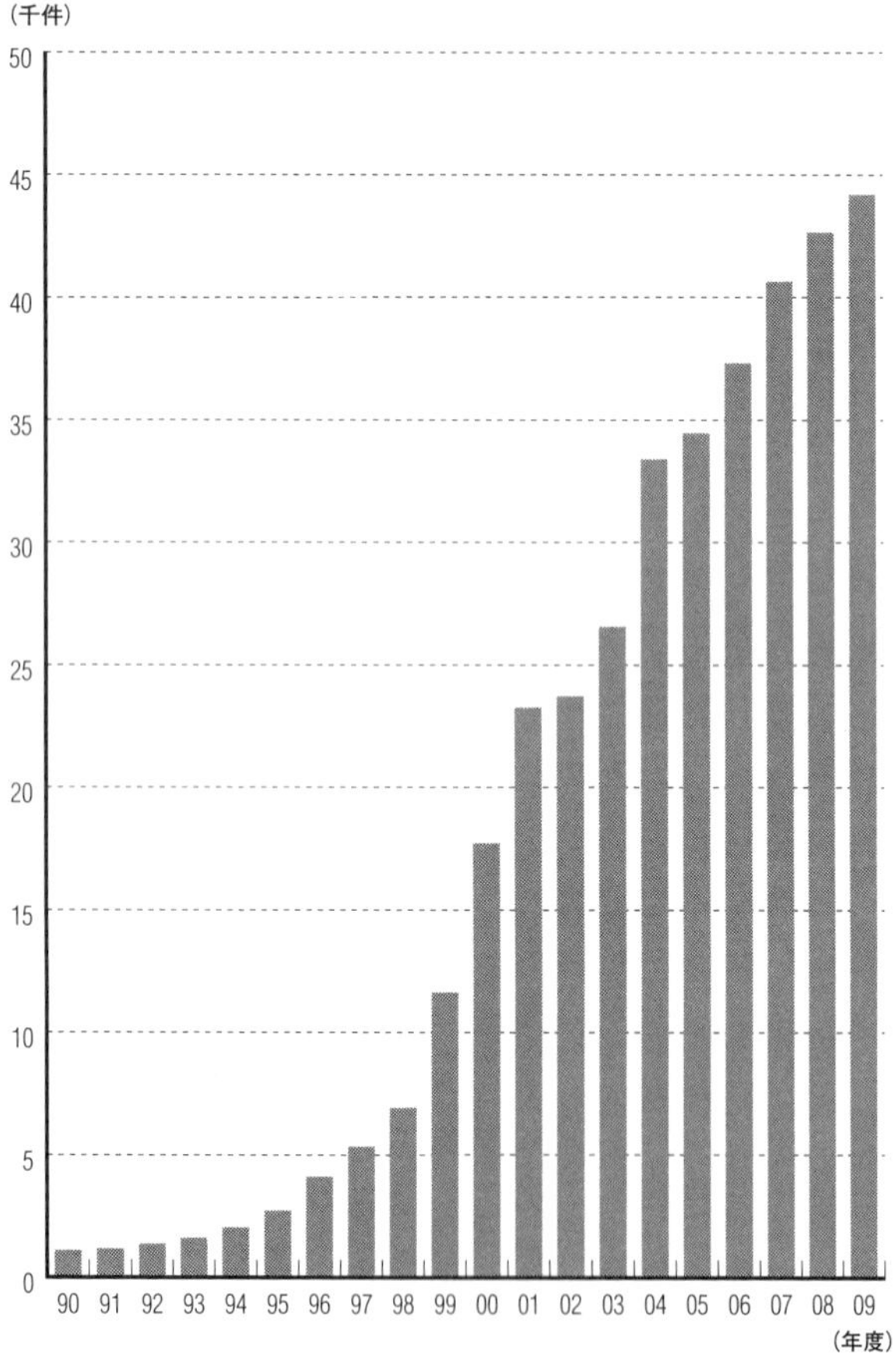

（出所）厚生労働省資料より作成

る。それにともない、警察の調査によって児童虐待事件の検挙件数も膨らむという流れになる。

したがって、児童虐待の検挙件数が増加しているという統計数字だけを根拠として、安易に「最近の若い親は、昔の親に比べてきちんとした子育てができなくなっている」という批判はできないのではないか。昔から存在しながら見逃されていた虐待事件が、社会情勢の変化によって見つかるようになった可能性があるからだ。

「名ばかり高齢者」続出で日本の平均寿命が短くなる？

日本では、10年の夏場以降、戸籍上の高齢者が所在不明となるケースが相次いで発覚している。

きっかけとなったのは、東京都足立区に住む戸籍上は111歳の男性が、実は約30年前に死亡していたという事件である。10年7月に、自宅で一部白骨化した状態で見つかった。この男性は、全国男性の長寿2番目に認定されていた。

その後、今度は女性で都内最高齢に認定されていた杉並区在住の113歳の高齢者も所在不明になっていることが判明した。

全国各地で100歳以上の高齢者の所在が不明となっているケースが相次いでいることを受けて、各地の自治体は急遽《きゅうきょ》、100歳以上の高齢者について、実際に面接し、その所在を調査することを決めた。

すでに多数の人たちが所在不明であることが判明しているが、100歳以上の高齢者は全国で4万人以上となっていることから、今後も不明者の数が増える可能性が高い。また100歳以上だけでなく90歳以上や80歳以上であっても、消息が分からなくなっている人が次々に出てきている。

一方、厚生労働省は、自治体の調査とは別に、10年8月に110歳以上の年金受給者全員の所在確認を行った。現在、全国で110歳以上の高齢者は50人から100人に上るとされている。厚生労働省が調査を決定したのは、高齢者の孤独死がないかを確認するためだ。また、親族が年金を不正に受給するために、本人がすでに死んでいるにもかかわらず生きているように偽装している可能性もあるので、それを明らかにするという狙いもある。

年金の不正受給はすでに何件かが発覚している。厚生労働省が85歳以上の高齢者を対象に、日本年金機構への登録住所と住民票の住所が異なる人をサンプル調査したところ、770人のうち23人（3％）が所在不明となっていたり死亡したりしていたにもかかわらず、年金が支給されていたことが判明した。このサンプル調査の結果を全国に当てはめると、本人が死亡・所在不明であるにもかかわらず、不正に年金を受け取っている人が800人程度に上る可能性があるという。

では、なぜ戸籍上は生存しているにもかかわらず、実際には死亡している高齢者が出てきてしまうのか。現行の制度では、自治体は届け出や申請がなければ、高齢者の生死を確認できない仕組みになっており、1人暮らしで誰にも看取られることなく死亡した場合や、親族らが不正に年金を受給していれば、実際には死亡していても戸籍上は生存しているというケースがどうしても出てきてしまうのだ。

所在不明の高齢者が相次ぐ中、海外では、このような戸籍上の「名ばかり高齢者」を除外して平均寿命の数字を計算すれば、真実の日本の平均寿命は統計に現れた数字よりも低いということになるのではないかといった批判が出てくるようになった。

日本は国際的に長寿国として知られており、09年の平均寿命は男性が79・59歳、女性が86・44歳と、ともに4年連続で過去最高を更新した。女性の平均寿命は世界第1位、男性は世界第5位となっている。この数字の信憑性に対して海外から疑問が投げかけられているのだ。

実際のところはどうなのだろうか。結論から言えば「名ばかり高齢者」の問題は、平均寿命の統計数字にはほとんど影響を与えない。

というのも、平均寿命の数字を算出するにあたっては、人数は少ないが平均寿命の数字に対して大きな影響を与える「超高齢者」を最初から調査対象に含めていないからだ。09年の平均寿命の統計では、98歳以上の男性と103歳以上の女性が調査対象から除外されている。

また平均寿命の統計は、高齢者の消息が十分に反映されていない「住民基本台帳」ではなく、調査員が面接で消息を確認している「国勢調査」をもとに行っているので、消息不明の影響が統計に現れにくいということもある。

実は正確な統計数字が存在しない、コメの作付面積

農業分野にコメの作付面積という統計がある。コメの作付面積は、政府がコメの需給調整をするにあたって重要な判断材料となるため、正確性が求められる統計数字のひとつだ。03年産米までは、コメの需給調整は水田の面積そのものによって行われていたのだが、04年産米からは、需給調整が水田の面積ではなく、実際に作付けした面積を基準に行われる

ようになったため、作付面積のデータの重要性が高まったという経緯がある。

しかしながら、実はコメの作付面積を正確に示す統計数字は存在しないのである。コメの作付面積を巡っては、農協や自治体で組織する各都道府県の水田農業推進協議会が作成している統計と、それとは別に農林水産省が実施している統計の2つがあるのだが、両者の数字は常に乖離しており、全国で約5万ヘクタールほどの誤差が発生している。ではなぜ、このような誤差が生じるのだろうか。

統計誤差は、水田農業推進協議会の統計、農林水産省の統計の双方に発生していると考えられる。

まず、水田農業推進協議会の統計数字は、協議会に参加する農家の自己申告に基づいて現地調査を行い、それを積み上げるという方式のため、自家飯米だけを作っている農家や減反に非協力的な農家の作付面積を十分に把握することができない。このため、水田農業推進協議会の統計数字は実際の作付面積に比べて過小評価につながりやすいと指摘されている。

その一方、農林水産省の統計は、約3万地点を実測するサンプル調査を行い、サンプル地区のデータを全国に当てはめて全体の作付面積を推計している。すべての水田を実測しているわけではないということだ。サンプル調査による統計誤差は都道府県ベースで1～3%程度と言われる。

作付面積の統計が実態を反映していないと、農家の経営に大きな影響が出てくる。というのも、現状の制度の下では、コメの生産調整（減反）の目標を達成することができなかった都道府県に対しては、減反配分の上乗せや補助金を交付しないなど、国からペナルティーが課されることになっているからだ。

たとえば、水田農業推進協議会の統計上は、減反の数値目標を達成しているのに、農林水産省の統計で減反の数値目標を達成していなかったとすれば、各都道府県が減反を達成したかどうかは国のデータをもとに判定されるので、その都道府県は国から減反配分を上乗せされ、場合によっては補助金を削減されてしまうことになる。

10年度からは、民主党政権の下、稲作農家を対象にして農家の「個別所得補償制度」（制度に申請して国が求める減反に協力すれば10アールあたり1万5000円が交付される仕組み。また、コメの販売価格が過去3年の平均を下回った場合にはその差額分も国が補塡する）が始まったので、以前と比べると減反目標の達成は容易になってきているが（減反協力農家が増えるため）、正確に作付面積を測定することが重要であることに変わりはない。

作付面積の統計の重要性が高まる中、新しい試みもなされている。現在、農林水産省は作付面積の統計誤差をなくすべく、衛星画像を活用してコメの作付面積を測定するシステムの開発に乗り出している。衛星画像を使った調査が可能になれば、統計の精度が大幅に高まるほか、統計調査員の数を削減する人件費カットの効果も期待できる。

第6章 はじめに結論ありきで試算

——経済効果のカラクリ

い。

そもそも前提の需要予測が甘く見積もられている

最後の第6章では、シンクタンクなどが発表する経済効果のウソについて考えていきたい。

「〇〇空港建設の経済効果」や「〇〇優勝の経済効果」など、現在、世の中には様々な「経済効果」のレポートが溢れている。

「経済効果」というのは、あるイベントやインフラ建設が実施されたとき、それが、日本経済あるいは地域経済にどれだけのインパクトを与えるのかを金額で表示したものである。

実務上「経済効果」を推計する際には、最初に新規の需要がどれだけ発生するか（直接効果）という前提条件を予測する。前提条件の予測には、イベントの主催者や建設事業主などが発表する投資計画の資料や、各種アンケート調査、過去の観客動員数などが参考とされる。

次に、今度は追加的な新規需要が発生したときに、それが各産業の生産額をどれだけ押し上げるかを計算する。新規需要の発生が、各産業の生産活動を拡大させる効果を「第一次生産誘発額」という。「生産誘発額」を計算する際には、各産業の投入と産出をマトリックスの形で表した「産業連関表」を使う。生産が増えると、そこで働く人たちの収入が増えるので、その人たちが新規に消費をする。この消費は、さらに小売業など各産業の生産を押し上げることになるので、そこで「第二次生産誘発額」が発生する。新規需要（直接効果）と第一次と第二次の「生産誘発額」を合計したものが、いわゆる「経済効果」となるわけだ。

各地方自治体や地域のシンクタンクが発表する「経済効果」のレポートは、あるイベントを開催するかどうか、インフラ施設を建設するかどうかを最終決定するうえで有力な判断材料となる。

実際に「数字上は、これだけの経済効果が期待できる」というレポートの内容が決め手となって、イベントの開催やインフラ施設の建設が決定されるケースは多い。イベントが実施されたり、インフラ施設が建設されれば、観光収入や建設投資が増え、地域の雇用創出にもつながるので、短期的には地域経済を活性化するのに、プラスの効果を発揮することは間違いない。

しかし、「経済効果」算出の前提となる新規の需要予測が現実離れしていると、中長期の視点では、地域経済にプラスの効果どころか、マイナスの効果を及ぼす恐れもある。地方自治体や関連団体が発表する、地域活性化を狙った「経済効果」の試算は、プロジェクトの認可を受けやすくするために、新規需要の予測を甘めに出しやすいという特徴がある。もし、需要予測を甘めに見積もると、インフラを建設する段階では生産や雇用が拡大するかもしれないが、インフラが完成した後に大きな問題が出てくる。

たとえば、97年12月に開通した川崎（神奈川県）と木更津（千葉県）を結ぶ東京湾アクアラインは、事業者の交通需要予測が甘かったことで、大きな問題が起こった。アクアラインの建設には、1兆4400億円もの巨額資金が投じられたにもかかわらず、実際の交通量は当初の予測を大きく下回って推移し、採算の面で重大な問題が生じる結果となったのだ。

そもそもの話、正確に需要の予測を行うことは誰にもできない。18世紀から19世紀にかけて活躍したフランスの数学者ピエール＝シモン・ラプラスは、仮に全ての自然法則を記述できる方程式と、初期条件などの必要なデータを認識する知性があれば、世界で起こる全ての事象は予測可能と断言した。これは科学至上主義の典型で「ラプラスの悪魔」と呼ばれている。しかし、現在、科学の世界では「ラプラスの悪魔」は完全に否定されている。全ての物質は究極的には不確定性と呼ばれる偶然に支配されていることが明らかになったからだ。

自然科学の分野であっても1秒先の世界すら予測できないのに、社会科学の分野で正確な需要予測が期待できるはずがないではないか。

私たちは、地方自治体や地域のシンクタンクが発表する「経済効果」のレポートの数字を鵜呑みにするのではなく、試算の前提条件として示される新規の需要予測が現実離れしたものでないかをチェックすることが必要だ。

サッカーワールドカップの経済効果は本当にプラスなのか

シンクタンクをはじめとする各種の調査機関が、なんらかのイベントについてプラスの経済効果を取り上げる場合、本来同時に発生しているはずのマイナス効果を全く考慮していないことが多い。

具体的な事例として、ここではサッカーのワールドカップの経済効果について考えてみよう。4年に1度の頻度で開催されるワールドカップでは、各国の調査機関・シンクタンクがこぞってワールドカップの自国経済に与えるインパクトを試算・発表する。

経済効果に関するリポートの多くは、ワールドカップによって、景気にプラスの効果が生じるという内容だ。

たとえば、日本では電通総研消費者研究センターが06年のドイツ大会において、日本に生じる経済効果がプラス2900億円に上ると発表、10年の南ア大会ではプラス3000億円の経済効果があったとしている。経済効果は、主にワールドカップ関連のグッズの売り上げが伸びることによって生じるとしている。

しかし、本当にワールドカップというビッグ・イベントは、各国の景気を押し上げるのに貢献しているのだろうか。

需要面ではなく、供給面に注目すると、ワールドカップの負の側面がみえてくる。どういうことかと言えば、ワールドカップが開催されると、多くの人が試合をテレビなどで観戦したいと思うようになり、会社をずる休みしたり、早退する人が出て、企業の生産活動が滞ってしまうのだ。ずる休みや早退をしなくても、試合の内容が気になって仕事に集中できず、労働生産性が低下するといった間接的な影響もあるだろう。

多くの人がずる休みや早退をしてワールドカップを観戦すれば、その間は何も付加価値を生みだしていないので、ワールドカップが開催されていないときに比べて、経済的な損失が生じることになる。

たとえば、ある英国の調査会社は、02年の日韓共催のワールドカップにおいて、英国で約600万人が病気などと偽って会社をずる休みする恐れがあり（時差の関係でイングランドの試合の多くが勤務時間中に行われるから）、ずる休みによる経済的損失は最低でも約1860億円に上るとの推計を発表した。

また、ドイツの経営コンサルティング会社は、同じく02年の日韓共催のワールドカップで、社員が勤務時間中にワールドカップをテレビ観戦することによって、企業が被る損失額は最低でも約1200億円に上ると発表した。

このようにサッカーワールドカップの開催が各国経済に与える影響は、プラスの効果だけでなくマイナスの効果もあるので、プラスの効果だけをみて、マイナスの効果を考慮しない試算結果をみてもあまり意味がない。

プラスの効果とマイナスの効果を合わせて考えれば、両者が相殺されてワールドカップ開催は各国の経済に何の影響も及ぼさないということもあり得るし、場合によっては、マイナスの効果のほうが強く現れて、ワールドカップ開催で景気が低迷するという可能性すらあるのだ。

経済効果どころか経済損失だった「クールビズ」

環境省の提唱によって、05年からいわゆる「クールビズ」が導入されるようになった（気温が上昇する6月から9月にかけて、軽装を励行し、その代わりに冷房の設定温度を高めにしようという運動）。

この「クールビズ」だが、筆者は、制度が導入された当初から、その経済効果について疑問を感じていた。

「クールビズ」の経済効果というのは、同制度の導入によって軽装が励行されるため、カジュアル衣料などが売れるようになり、それによって経済全体にプラスの効果が生まれるというものだ。

一部の民間シンクタンクは、当初、軽装励行による「クールビズ」の経済効果が１００８億円になると試算していた。しかし、実際の「クールビズ」の経済効果は、この数字よりもずっと小さいはずである。

なぜなら、「クールビズ」の経済効果の試算では、省エネのマイナス効果が抜け落ちてしまっているからだ。「クールビズ」導入の本来の目的は、「地球温暖化の防止」である。地球温暖化の防止は、環境にとってはプラスであるが、経済にとってはマイナスとなる。

「クールビズ」で冷房の設定温度を28度に設定すれば、それだけ電気代が抑制されることを意味する。これは当然、電力消費量の抑制につながるから、GDP(国内総生産)にとっては、マイナスの作用になる。

さらに、「クールビズ」を導入した結果、冷房の設定温度が高めに設定されることによる間接的なマイナス作用を考えなくてはならない。たとえば、冷房の設定温度を28度に設定すれば、パソコンなどを多数設置しているオフィスの実際の温度は軽く30度を超える。これではいくら軽装にしていても、頭がボーっとしてしまって仕事に集中できない。仕事の作業効率が大幅に低下してしまうだろう。これが労働生産性上昇率の低下を通じて、経済にとってはマイナスに作用するのだ(労働者1人あたりのアウトプットが下がれば、全体のアウトプットも下がる)。

これらのことは、筆者が06年10月に上梓した『統計数字を疑う』(光文社新書)においても、詳しく述べている。

ただ、労働生産性の低下については、データの制約もあって、冷房の設定温度が28度に設定されることによって、作業効率がどれぐらい落ちるのかを、定量的に計測・提示することができなかった。

しかし、今回、日本建築学会の科学的な調査によって、ブラックボックスになっていた部分の数字が明らかとなった。すなわち、日本建築学会が、神奈川県の電話交換手100人を対象として、1年間かけて行った実験調査によると、室温が25度から1度上がるごとに作業効率が2％ずつ低下するという。同調査では、作業効率の低下を金額に換算した結果も出している。それによると、冷房の設定温度が28度だと、25度の場合と比べて、オフィス1平方メートルあたり約1万3000円の損失が出るということだ。

一方、財団法人日本不動産研究所の調査によると、日本のオフィス面積は、06年12月時点で8349万平方メートル。

上記の調査結果をもとに、05年における「クールビズ」導入企業の割合（経団連の調査）やオフィスの空室率などを考慮して、筆者が、労働生産性低下がマクロ経済に及ぼす影響を試算した結果では、「クールビズ」の対象期間となる6月から9月の4カ月間で、4322億円もの経済損失（05年）が発生していたことになる。

つまり、民間のシンクタンクがはじき出した「クールビズ」の経済効果（1008億円）の裏では、その金額の4倍に及ぶ経済損失が発生していた可能性が高いということだ。

「クールビズ」の成果や効果については、単一の視点でプラス面の効果だけを誇張するのではなく、いま一度、マイナス面の効果も含めて、あらゆる角度から詳細に検討する必要があるだろう。

猛暑の景気刺激効果にも限度がある

10年夏の猛暑が景気を刺激し、特需が発生したという。夏の平均気温が1度上がると日本のGDPが0・3％押し上げられるといったシンクタンクの試算も紹介されている。

しかし、猛暑は本当に景気にプラスの効果をもたらすのだろうか。確かに、猛暑の効果でビールやアイスクリーム、エアコン、夏物衣料など一部の商品の売り上げは伸びるだろうが、それはあくまでも部分的な話である。度を越した暑さになれば外出する人が減り、それによって行楽地では観光収入が減少するだろう。また、ねぎやトマトなど野菜の生産が滞り、農家は悲鳴を上げている。さらには、暑さの影響によって働く人たちの労働生産性が低下するといったマイナスの影響も考えられる。

過去のデータをもとに、気温が1度上がれば消費がこれだけ増えるといった「線形」の考え方では、猛暑の影響は正確に説明できない。猛暑の経済効果は、ある程度までの気温の上昇は景気にプラスの効果をもたらすが、閾値（臨界値）を超えてしまうと、逆にマイナスの効果のほうが強くなるという「非線形」の考え方を適用しなければならない。10年の夏について言えば、日本の平均気温が、気象庁が統計を取り始めた過去113年で最も高くなるなど、明らかに閾値を超えている。

閾値を超えればマイナス効果がプラス効果を上回り、経済に深刻なダメージを与えかねない。たとえば、ロシアでは、7月29日にモスクワで38・2度を記録するなど、度を越した猛暑の影響により、マイナスの経済効果がプラスの経済効果をはるかに上回る事態となっている。

どういった経路でマイナスの経済効果が生じるかと言えば、猛暑の影響で干ばつや森林火災が発生し、それによって農産物の生産が減少する。すでにロシア国内の穀物作付面積の25%が壊滅状態にあるという。

農産物の生産が減少すると、食料品を中心にインフレ圧力が生じる。物価が高騰すれば、消費者は財布のひもを引き締めるようになり、それによって個人消費が低迷する。また、森林火災による煙が首都モスクワを覆い、市民が退避する事態となったため、その影響によっても消費活動が低迷することになる。

このような経路によって、ロシア経済にダメージが生じるのだ。英国のHSBCの試算によると、猛暑によるロシアの経済損失額は150億ドルに達し、それによってロシアのGDPは0・5〜1・0％押し下げられるという。

ロシアが見舞われた猛暑は、ロシアだけでなく、日本を含めた世界各国にマイナスの影響をもたらす恐れもある。

ロシア政府は、10年8月5日、干ばつ被害で穀物の国内需要を満たせない恐れが出てきたため、穀物の輸出を禁止することを決めた。

ロシアは世界有数の小麦の生産・輸出国になっている。国際連合食糧農業機関（FAO）の統計でみると、ロシアの小麦生産は、07年の段階で中国、インド、米国に次ぐ世界第4位の規模だ。世界的な小麦需要の拡大を受けてロシアはこれまで小麦の生産を増やしてきた（図表6－1）。そのロシアが小麦の輸出を禁止すればどうなるか。当然、小麦の国際価格に上昇圧力がかかる。日本では、小麦をそれほど生産しておらず、国内で消費する小麦粉の約9割を海外からの輸入に頼っている状況なので、小麦の国際価格が高騰すれば、政府から製粉業者への引き渡し価格が繰り返し引き上げられ、その結果、食パンやスパゲッティなど一部の食品の値段が上がっていくことになるだろう。

図表 6-1 ロシアの小麦生産量の推移

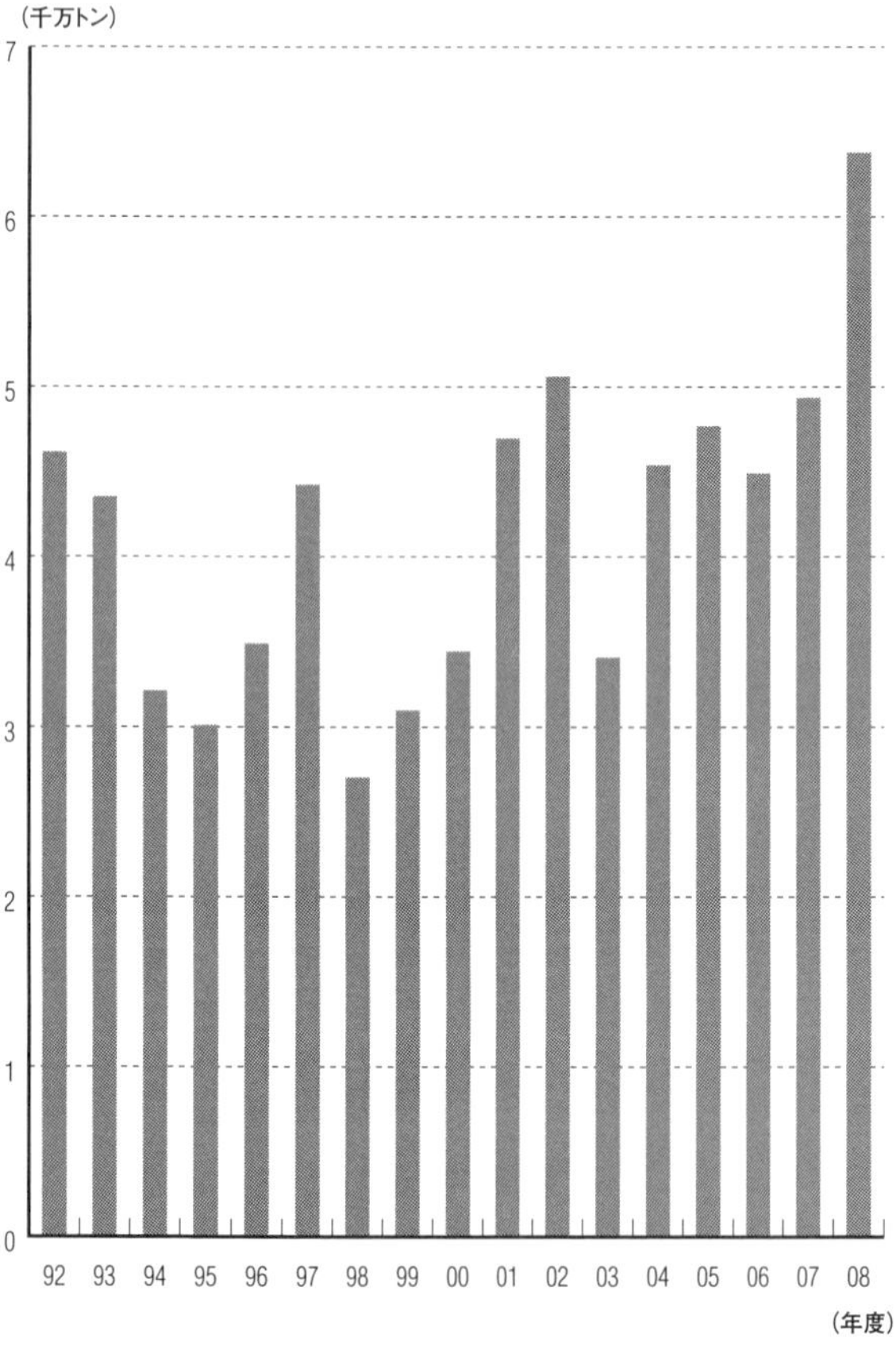

(出所)国際連合食糧農業機関資料より作成

図表6-2　ロシアのこれまでのタイムゾーン

標準時間名	協定世界時との時差(時間)
カリーニングラード時間	2
モスクワ時間	3
サマラ時間	4
エカテリンブルグ時間	5
オムスク時間	6
クラスノヤルスク時間	7
イルクーツク時間	8
ヤクーツク時間	9
ウラジオストク時間	10
マガダン時間	11
カムチャツカ時間	12

(出所)ロシア政府資料より作成

標準時を11個から9個にリストラしたロシアの経済効果は?

ロシアの話が出てきたので、もうひとつロシアに関係して、標準時のリストラと夏時間(サマータイム)の経済効果について考えてみよう。

ロシアの国土面積は、約1707万平方キロメートル(日本の45倍、米国の2倍近く)で世界最大を誇る。東西に伸びる広大な国土を反映して、ロシア国内には標準時が11もあって、標準時の数は世界最多となっている(図表6-2)。

標準時の数の多さは、広大な国土の象徴として、多くのロシア人にとっては誇りであったのだが、メドベージェフ大統領は標準時の数を現在の11から9に減らすことを決定した。

具体的には、「モスクワ時間（協定世界時を3時間進ませた標準時のこと）」と9時間の時差（モスクワより9時間早い）があったロシア東部のカムチャツカ地方とチェクチ自治管区を、時差8時間の「マガダン時間」に統合する。また、「モスクワ時間」と4時間の時差（モスクワより4時間早い）があったケメロボ州は時差3時間の「オムスク時間」に統合する。さらに、「モスクワ時間」と1時間の時差（モスクワより1時間早い）があったボルガ川沿岸のサマラ州とウドムルト共和国を「モスクワ時間」に合わせる。これらの結果、最西端の飛び地カリーニングラードと最東端のカムチャツカ地方の時差は10時間から9時間まで縮まった。

では、なぜ標準時の数を減らすのだろうか。ロシア国内で地域ごとの時差が大きいと、地域間で連絡をとることが難しくなるというのが一番の理由だ。

地域ごとの時差をできるだけ小さくすることで、経済活動や行政活動の効率化を図る。新しい標準時の適用は、ロシアが夏時間に移行する10年3月28日からスタートした。

メドベージェフ大統領は、すでに09年11月に行った年次教書演説の中で、標準時の削減を提案しており、今回の決定はそれを受けたものである。メドベージェフ大統領は、「ウラルとシベリアも同一の標準時にしていい」と発言するなど、今後も標準時の数の削減を進める方針で、最終的には標準時の数が5つにまで減らされるという。

ロシア政府は、標準時を減らし、地域ごとの時差を小さくすれば、経済活動の効率化が進むというプラスの経済効果を強調しているのだが、人為的に標準時を減らし、地域間の時差を縮めることに対しては、専門家から反対意見も出ている。

たとえば、時差を縮めると、太陽がまだ出ていない朝の暗いうちから仕事を始める人たちが必ず出てくる。その場合「時差ぼけ」のような症状が出て、経済活動が効率化するどころか労働生産性がかえって下がってしまうといった指摘がある。一方、健康面では、突然、時差を小さくすると、「睡眠不足」や「睡眠障害」といった症状が発生しやすく、場合によっては鬱状態に陥ることがある。その結果、世界的にみて高い水準にあるロシアの自殺率がさらに高まる危険性もあるという。

メドベージェフ大統領は、標準時の数を減らすとともに、夏時間の廃止も検討している。ロシアは、ソ連時代の81年から夏時間を導入した。夏時間は、太陽が早く昇る夏季に昼間の時間を多く活用できるよう標準時を早める制度。明るい時間の有効活用を通じて照明用の電力消費量が減少し、省エネが期待できるため多くの国が導入している。

省エネ効果が期待できるにもかかわらず、メドベージェフ大統領が夏時間の廃止を検討する背景には、夏時間制度を導入しても期待されていたほどの効果は現れず、むしろ弊害のほうが目立つようになったという事情がある。

たとえば、ロシアでは夏時間にしても電力消費量が0・5％程度しか減らない一方、病死や自殺が増えたと報告されている。病死が増えるのは、長い冬の後では人々の体の器官が弱っており、そこで時間がズレると、健康への悪影響が大きくなるからだ。また、ロシアでは夏時間と冬時間の切り替え時に炭鉱事故などのトラブルが相次いでおり、年間の事故死が20％も増えたという報告もある。

はじめに結論ありきで試算されるイベントの経済効果

日本では、先ほど取り上げた事例のほかにも、北京オリンピックの（日本への）経済効果（約6158億円）、野球日本代表WBC連覇の経済効果（約505億円）、城島健司捕手が阪神入りしたことによる経済効果（約111億円）、ゴルフの石川遼選手の活躍の経済効果（約341億円）など、イベント開催等にまつわる経済効果のレポートはきりがないほどに発表されている。

筆者がみる限り、どの経済効果のレポートも「プラスの効果」という前提ありきで試算がなされており、お世辞にも中立的・客観的なものとは言えない。

中には、よくこれだけの大風呂敷を広げられるものだなと別の意味で感心してしまうようなレポートもある。

そもそも、この手の試算では、個々の家庭の予算制約というものが全く考慮されていない。お土産代や宿泊費・交通費といったイベント関連の消費が増えたとしても、各家庭の収入そのものが増えていない場合には（各家庭の収入が増えるかどうかはイベント開催とは別個の要因によって決まる）、必ずイベント関連で散財した分を取り戻すため、ほかの消費を抑制するという流れが起こる。

だとすれば、部分ではなく全体としてみた場合の消費額はほとんど変わらず、イベント開催による追加的な消費は、ほかの分野で消費が抑制されることによって、マクロの集計量では発生していないということになるだろう。

すると、もともと過大推計となっている追加的な消費をもとに計算した経済波及効果も過大となり、結局、経済効果全体の数字が実態よりも大きめに現れることになる。

あえてこのような指摘をせずとも、イベントの経済効果に関する試算がおかしいことは、次のような思考実験だけでも明らかだ。

もし、何らかのイベントが国内外で開催されるたびに、それなりの経済効果が期待できるのなら、景気が悪いときにイベントの開催数をどんどん増やせば、消費者心理は好転し、家計の財布のひもが緩むので景気はまたたくまに回復するという話になる。

政府が、景気対策として財政政策や金融政策を検討しなくても、ただイベントの開催を増やすだけで十分な景気対策効果が期待できるだろう。しかし、現実にはイベントの効果が景気を左右したことは一度もない。

私たちが経済効果のレポートをみるとき、何が正しい情報で何が間違った情報であるかを見抜くことは非常に難しいが、虚構の数字に踊らされないようにするには、自分自身の頭のなかでいくつかの仮説を立ててみるのがひとつの有効な判断基準になるのではないか。

たとえば、ある調査機関によって何らかのイベントについてプラスの経済効果が発表されたら、それとは逆にマイナスの効果がどこかで発生していないか自分であれこれ考えてみるということだ。

マイナスの効果がどのくらいの数字になるかまで計算しなくても、調査機関によって発表された数字が、そうしたマイナスの効果を含まない過大な数字、虚構の情報であるということだけはハッキリする。

「国益より省益」のエゴ丸出しのTPP経済効果試算

経済効果の試算が「結論ありき」になっている証左として、「環太平洋パートナーシップ協定（TPP）」を結んだ場合の経済効果を挙げることができる。

TPPというのは、シンガポール、ニュージーランド、チリ、ブルネイの4カ国が06年に発効した経済連携協定（EPA）のことを指す。

EPAを締結すると、加盟国間の関税障壁などが撤廃され（物品の貿易は原則全て100％関税を撤廃）、貿易・投資関係の自由化が進むといった効果が期待できる。

米国やオーストラリア、ベトナム、ペルー、マレーシアもTPPへの参加を希望しており、現在、日本もTPPに参加するかどうかを検討しているところだ。

日本のTPP参加を巡る議論が活発となる中、農林水産省、経済産業省、内閣府は、日本がTPPに参加した場合にどういった経済的影響が出るかを試算したのだが、どういうわけか出てきた試算の結果がバラバラとなってしまった。

まず、農林水産省は、日本がTPPに参加すると、関税撤廃により（農業大国である米国とオーストラリアからの輸入が増えることを通じて）農業部門が大きな打撃を受け、日本の農業生産額が年４兆１０００億円減少すると試算した。関連産業への影響も含めると生産に対するマイナス効果は年15兆９０００億円まで膨らむという。その結果、国内総生産（ＧＤＰ）は約７兆９０００億円減少する。

一方、経済産業省は、ＴＰＰへの参加によって、日本からの工業製品の輸出が８兆円増えて、関連産業への影響も含めるとＧＤＰが10兆円増えると試算している。

内閣府は、ＴＰＰへの参加でＧＤＰが年２・５兆円から３・５兆円押し上げられ、日本の経済成長率は約０・５％高まると試算した。

なぜＴＰＰ参加という同じ内容について試算をしているのに、試算結果がバラバラになってしまうかと言えば、各省が省益を優先した「結論ありき」の試算をしているからにほかならない。

国内の農業保護を訴えてＴＰＰ参加に慎重姿勢をとっている農林水産省は、省益を考えて、できるかぎり日本のＴＰＰ参加によるマイナスの経済効果を強調するような数字をつくる。一方、農林水産省とは逆に、輸出産業が恩恵を受けられるとして貿易自由化を推進する経済産業省は、省益を考えて、日本のＴＰＰ参加によるプラスの経済効果を強調するような数字をつくる。

もちろん、各省がデタラメの数字をつくっているわけではないが、試算の結果が結論と合致するよう、試算の前提条件を変えているのだ。たとえば、農林水産省の試算では、戸別所得補償制度など政府による財政措置がないことを前提として試算しており、その結果、マイナスの経済効果が大きくなる。

TPP参加の試算結果がバラバラになっていることについて、日本経団連の会長は「国益を考えず、省益ばかりを考えていて情けない」といった趣旨のコメントを出しているが、筆者も全く同感である。

タバコ1箱1000円で税収は増えるのか、減るのか

10年10月1日からタバコの値段が上がり、1箱（20本）400円以上が一般的となった。これは、09年12月に閣議決定した「税制改正大綱」に基づく措置である。1箱300円のときには小売価格の58・3％が税金であったが、1箱400円では小売価格の61・2％が税金となる。今回のタバコの値上げは、政府の税収にはどういった影響を与えるのだろうか。これまでのタバコ税収は2兆円前後で推移しており、政府にとっては景気に左右され

ない安定した税収源となっていたが（図表6－3）、今後も安定的に推移すると考えていいのだろうか。

シンクタンクの関西社会経済研究所が09年に発表した試算の結果によると、タバコ1箱を300円から400円に値上げした場合、タバコ税は5054億円の増収になるという。

税制改正大綱は「国民の健康の観点からタバコの消費を抑制すべく将来に向かって税率を引き上げていく必要がある」としているので、今後、タバコ税はさらに引き上げられ、最終的に国際水準と言われる1箱1000円になる可能性もある。

タバコの値段を1000円まで引き上げたとき税収にどういった影響が出るかについては、様々な試算が発表されているが、結論はバラバラだ。

たとえば、厚生労働省の研究班が08年に発表した試算によると、タバコ1箱の値段を1000円に引き上げたとき、喫煙人口は25・9～51・3％減少するが、税収は5兆9000億～3兆1000億円増えるとしている。仮に、喫煙人口が80％減ったとしても、現状の税収（08年度の見込みで2兆2000億円）は確保できるという。

一方、京大大学院経済学研究科の依田高典教授が08年に発表した試算によると、タバコ1箱を1000円に値上げした場合、最大で1兆9000億円の税収減になるという。

図表 6-3 タバコ税収の推移

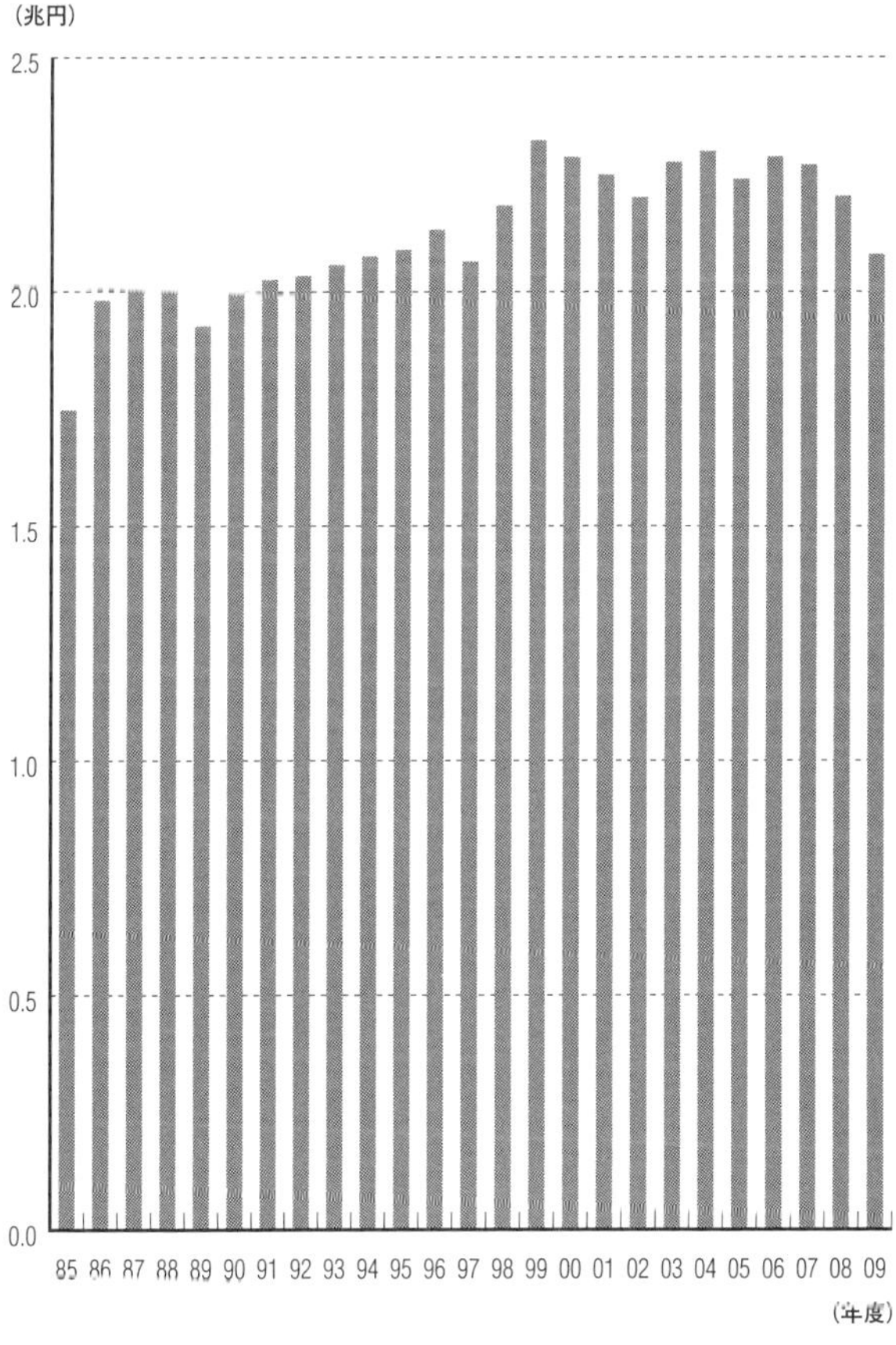

(出所)財務省資料より作成

両試算とも、タバコ1箱を1000円に値上げした場合の影響を検討しているにもかかわらず、なぜ税収増と税収減という逆の結論が出てくるのか。

タバコの値上げが税収に及ぼす影響は、喫煙者がタバコの価格の変化にどのように反応するかの前提如何で変わってくる。そして、値上げの影響によって喫煙者が80%を超えて減少するかどうかが税収増と税収減の別れ道になる。

厚生労働省の研究班の試算では、タバコ税の値上げで喫煙者は減るが、禁煙に失敗する人が出てくるために、実際にはそれほど極端に喫煙者が減ることはないとの前提を置いている。つまり、喫煙者は80%を超えて減少しないという前提だ。

それに対して京大大学院経済学研究科の依田高典教授の試算では、事前のアンケート調査の結果をもとに、タバコ1箱が1000円に値上がりすれば喫煙者の97%が禁煙するとの前提を置いている。

両試算の発表時期は08年なので、参考までに最新のアンケートの結果をみておこう。ファイザー株式会社が09年4月に発表したアンケート調査の結果によると、タバコの値段が1000円を超えると喫煙者の9割近くが禁煙を考えると回答している(図表6-4)。やはり1000円になると、頭の中ではほとんどの人が禁煙を考えると言えそうだ。

図表 6-4 タバコの価格がいくらになれば禁煙しようと思いますか？

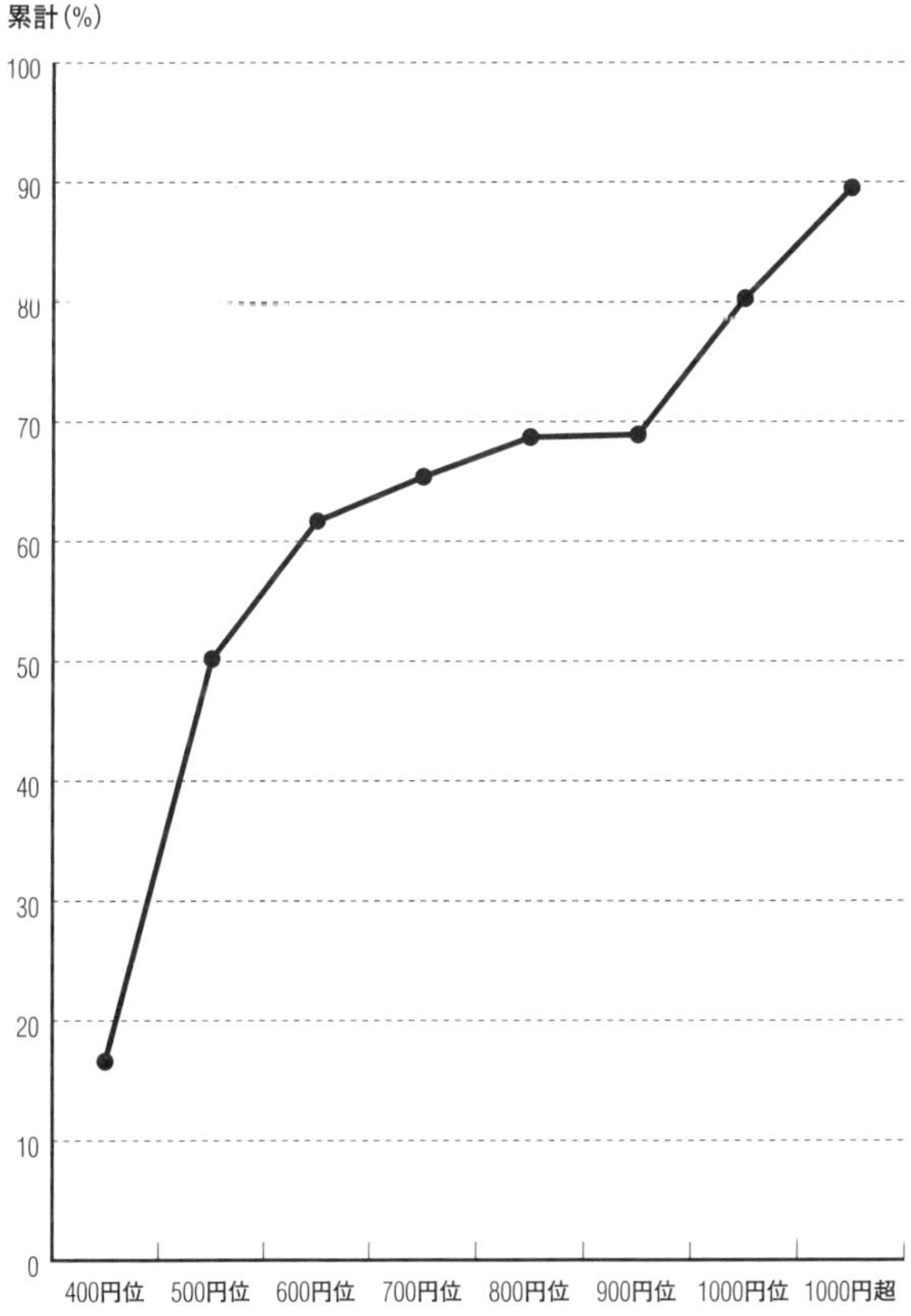

（出所）ファイザー株式会社資料より作成
（注）調査時期は09年3月27日〜4月2日、サンプル数は7042

ただ、事前のアンケート調査に対する回答と実際の行動は乖離しやすく、1箱1000円という値段に直面したときの喫煙者の行動が未知数であることには変わりない。どちらの試算が正しいのかは、結局、実際に1000円にしてみなければ分からないということになる。

その他の試算を見ると、たとえば03年7月や06年7月といった過去におけるタバコ価格の引き上げが男性の喫煙行動に与えた影響をもとに、「価格が1%上昇すると禁煙率が0・49ポイント高まる」という前提を置き、税収への影響を計算しているところもあるが、タバコの価格と喫煙行動は決して「線形」の関係ではないという点に注意しなければならない。タバコの値段が極端に上がれば、喫煙者の禁煙意欲が猛烈に高まり、禁煙率が比例的にではなく加速度的に上昇する可能性が高い。

1箱300円が400円になるのと、1箱300円が1000円になるのとでは喫煙行動に与える影響は全く異なってくるのだ。

このようなことを踏まえると、極端なタバコの値上げによって、政府の税収が増えるか減るかを事前に試算してもあまり意味はないのではないか。

哲学者のルートヴィッヒ・ウィトゲンシュタインがその著書『論理哲学論考』の中で述

べたように、私たちは「語りえぬものについては、沈黙しなければならない」のである。

喫煙者にかかる医療費も過大推計の疑い大

本来、タバコに課税をする根拠は「財源確保」ではなく、喫煙による社会的損失を喫煙者への課税によって補塡するという発想に基づくものでなければならないのだから、政府の懐がどれだけ潤うか、あるいはどれだけ痛むかという議論ではなく、どの程度の課税であれば喫煙による社会的損失を最小限にできるかという議論のほうが重要と言える。

喫煙による社会的損失としてよく挙げられるのが国民の社会保障負担（医療費＋公的年金）の問題である。

厚生労働省の試算によると、がんなど喫煙関連8疾患のうち喫煙者にかかる医療費は年間1・3兆円にも上るという。だから、タバコの税率をもっと引き上げて喫煙者を減らすべき、あるいはタバコ税収を増やして、医療費の補塡に回すべきだという話である。

確かに、喫煙者は肺がんの発生など健康リスクが非喫煙者に比べると高いので、喫煙者と非喫煙者が同じ健康保険料だと、非喫煙者の保険料負担が重くなってしまう。この分をタバコ税によって徴収すれば、医療費の社会的損失は抑制できる。

しかしながら、喫煙者にかかった医療費が1・3兆円というのは過大推計になっている可能性が高い。疫学的な統計によると、非喫煙者に比べて喫煙者の平均余命は数年短くなる。だとすれば、平均余命が短くなった分の医療費は浮くわけで、この部分を喫煙によるものと想定した国民医療費の増加分から差し引く必要があるだろう。

また、医療費ではなく公的年金の分野においては、喫煙者の平均余命が短くなるため、喫煙者の保険料が非喫煙者の給付へと回りやすくなる。この影響も喫煙による国民の社会保障負担の増加から差し引く必要があるだろう。

全ての影響を合算すれば、タバコ1箱の値段を1000円に設定するといった極端な値上げの根拠は薄くなってくる。

副流煙による間接的な健康被害を含めると話は変わってくるが、この部分がどれぐらいの社会的損失になるかは数量的に把握できないし、分煙政策を進めていけば解決する話と言える。

一方、タバコ1箱を1000円に値上げした場合、タバコを万引きするといった犯罪が増えるなど副次的なリスクも想定され、それによって逆に社会的損失額が膨らむ可能性が出てくるが、これについても事前に数量的に把握することはできない。

結局のところ、喫煙者への課税によって社会的損失をカバーできるかという観点でみても、タバコの値段を1000円にすることが妥当であるかどうかは、不確定要素が多すぎて事前には分からないということだ。

人は自分の信じたいことだけ信用する〜認知のカラクリ

本書では、自然科学から社会科学まで、世の中に氾濫する様々な統計データの特徴や、それぞれの統計データが持つ特有のバイアス（偏向）などについて詳しく解説してきた。

統計数字の特徴やクセをある程度つかんでおけば、より正確なデータ分析・解釈が可能になるだろう。

ただし、くれぐれも数ある情報の中から、自分に都合のいい情報ばかりを集めないでいただきたい。

都合のいい情報ばかりを集めていると、せっかく個別の統計数字の読み込みに習熟しても、その意味がなくなり、いつまでも客観的な真実をつかむことができなくなってしまうからだ。

そこで最後に、私たちが情報を取捨選択する段階で陥りやすいワナについて解説をしておきたい。

人間は無意識のうちに、自分がそうあってほしいと願う情報、あるいは自分の信念に合致する情報を選び、自分が否定したい情報や自分にとって都合の悪い情報を排除する傾向がある。このような心理的な傾向は、一般に「確証バイアス」と呼ばれている。

たとえば、夏の猛暑が経済や景気にどういった影響を及ぼすかということを考える場合、夏の猛暑にはプラスの経済効果があると信じている人は、猛暑で特需が生じている産業だけに注目して、ほかのマイナス部分の影響は無視してしまう傾向がある。

実際には熱中症で倒れて4万人以上の人が救急搬送されたり、猛暑で農産物が壊滅的な打撃を受けたり、暑さで労働生産性（効率）が低下するといったマイナスの経済効果が発生しているのだが、そうした部分には目をつぶってしまう。

このように自分の信念に都合のいい情報ばかり集めて、都合の悪い情報は切り捨てるという行為が繰り返されていくとどうなるだろうか。

「夏の猛暑と景気には密接な関係があって、夏の気温が上がれば上がるほど景気は良くなる」といった誤った認識が、歪んだ情報で補強されることを通じて、ますます強固なものになっていき、最後はその人の頭の中で「猛暑の経済効果はプラス」という歪んだ情報が

「事実」として受け止められることになる。

こうした「確証バイアス」の現象は、日常生活やビジネスの様々な面でみられる。警察が容疑者の取り調べを行う際にも「確証バイアス」のリスクが潜んでいる。取り調べを行う担当者が、容疑者が真犯人であると信じている場合、自分の考えと一致しない供述については無視したり軽視したりしやすくなってしまうのだ。

日本学術会議が民間療法の「ホメオパシー」は荒唐無稽《こうとうむけい》と全面否定したにもかかわらず、「ホメオパシー」の治療効果を信じる人がなくならないのも「確証バイアス」が働いているためと考えられる。

誰でも、自分の立場を支えてくれる情報に頼り、自分の考えと異なる情報はみなかったり否定して済ませたほうが、認知的には楽と言えるからだ。自分の信念と一致する記憶は思い出しやすい反面、嫌な出来事は記憶があいまいになっているというのも、記憶活動に「確証バイアス」が働いているからにほかならない。

こうした認知の歪みを正すことは容易ではないが、人間にはそうした認知の歪みがあるという事実を知っているだけでも、「確証バイアス」のワナに陥るリスクは小さくなるのではないか。

なお、本書の執筆にあたっては、『世界一身近な世界経済入門』『イスラム金融入門』『貧困ビジネス』に続いて幻冬舎編集部の小木田順子さんに大変お世話になった。記して感謝したい。

２０１０年11月

エコノミスト　門倉貴史

参考文献

『生物統計学入門』石居進・培風館・1992
『生物学を学ぶ人のための統計のはなし―きみにも出せる有意差』
粕谷英一・文一総合出版・1998
『統計数字を疑う』門倉貴史・光文社新書・2006
『経済学の天才に学ぶ! 経済心理のワナ50』門倉貴史編著・宝島社・2009
『行動経済学 経済は「感情」で動いている』友野典男・光文社新書・2006
『学会・論文発表のための統計学――統計パッケージを誤用しないために』
浜田知久馬・真興交易医書出版部・1999
『ベイズな予測――ヒット率高める主観的確率論の話』
宮谷隆/岡嶋裕史・リックテレコム・2009
『ふたつの鏡 科学と哲学の間で』吉永良正・紀伊國屋書店・1993
『内なる目――意識の進化論』ニコラス ハンフリー著/
垂水雄二訳・紀伊國屋書店・1993
『経済は感情で動く はじめての行動経済学』
マッテオ モッテルリーニ著/泉典子訳・紀伊國屋書店・2008
『世界は感情で動く 行動経済学からみる脳のトラップ』
マッテオ モッテルリーニ著/泉典子訳・紀伊國屋書店・2009

著者略歴

門倉貴史《かどくらたかし》

一九七一年神奈川県生まれ。
慶應義塾大学経済学部卒業後、(株)浜銀総合研究所に入社。
(株)第一生命経済研究所主任エコノミスト等を経て、
二〇〇五年七月よりBRICs経済研究所代表を務める。
一〇年度同志社大学大学院非常勤講師。
専門は、日米経済、アジア経済、
BRICs経済、地下経済と多岐にわたる。
『世界一身近な世界経済入門』『イスラム金融入門』
『貧困ビジネス』(以上、幻冬舎新書)、
『人妻の経済学』(プレジデント社)、
『中国経済の正体』(講談社現代新書)、
『ゼロ円ビジネスの罠』(光文社新書)など著書多数。

幻冬舎新書 191

本当は嘘つきな統計数字

二〇一〇年十一月三十日 第一刷発行

著者 門倉貴史

発行人 見城 徹

編集人 志儀保博

発行所 株式会社 幻冬舎

〒一五一-〇〇五一 東京都渋谷区千駄ヶ谷四-九-七

電話 〇三-五四一一-六二一一（編集）

〇三-五四一一-六二二二（営業）

振替 〇〇一二〇-八-七六七六四三

ブックデザイン 鈴木成一デザイン室

印刷・製本所 中央精版印刷株式会社

検印廃止

万一、落丁乱丁のある場合は送料小社負担でお取替致します。小社宛にお送り下さい。本書の一部あるいは全部を無断で複写複製することは、法律で認められた場合を除き、著作権の侵害となります。定価はカバーに表示してあります。

Printed in Japan ISBN978-4-344-98192-8 C0295

か-5-4

幻冬舎ホームページアドレス http://www.gentosha.co.jp/

＊この本に関するご意見・ご感想をメールでお寄せいただく場合は、comment@gentosha.co.jpまで。

幻冬舎新書

門倉貴史
世界一身近な世界経済入門

生活必需品の相次ぐ値上げなどの身近な経済現象から、新興国の台頭がもたらす世界経済の地殻変動を解説。ポストBRICs、産油国の勢力図、環境ビジネス……世界経済のトレンドはこの1冊でわかる！

門倉貴史
イスラム金融入門
世界マネーの新潮流

イスラム金融とはイスラム教の教えを守り「利子」の取引をしない金融の仕組みのこと。米国型グローバル資本主義の対抗軸としても注目され、急成長を遂げる新しい金融の仕組みと最新事情を解説。

門倉貴史
貧困ビジネス

出口の見えない不況下、増え続ける貧困層を食い物にするのが、一番手っ取り早く儲けられるビジネスだ――よくて合法スレスレ、ときに確信犯的に非合法を狙い、経済の土台を蝕む阿漕なビジネスの実態。

副島隆彦
お金で騙される人、騙されない人

銀行、証券、生保のウソの儲け話に騙されて、なけなしの預金を株や投資信託につぎ込み、大損した人が日本国中にいる。金融経済界のカリスマが、12の事例をもとに、世に仕組まれたお金のカラクリを暴く！

幻冬舎新書

加茂隆康
自動車保険金は出ないのがフツー

保険金支払いを「損失（ロス）」と呼び、支払いをいかに渋り利益を出すかに腐心する損保。その不払いの実態と狡猾な手口、もしものときに保険金を出させる技術を敏腕交通弁護士が徹底解説。

坂口孝則
1円家電のカラクリ 0円iPhoneの正体
デフレ社会究極のサバイバル学

無料・格安と銘打つ赤字商売が盛んだ。「1円家電」を売る家電量販店は、家電メーカーから値下げ分の補助金をもらい、赤字を補塡する。倒錯する経済の時代の稼ぎ方・利益創出法を伝授。

武田邦彦
偽善エネルギー

近い将来、石油は必ず枯渇する。では何が次世代エネルギーになるのか？ 太陽電池や風力、原子力等の現状と、政治や利権で巧妙に操作された嘘の情報を看破し、資源なき日本の行く末を探る。

武田邦彦
偽善エコロジー
「環境生活」が地球を破壊する

「エコバッグ推進はかえって石油のムダ使い」「割り箸は使ったほうが森に優しい」「家電リサイクルに潜む国家ぐるみの偽装とは」……身近なエコの過ちと、「環境」を印籠にした金儲けのカラクリが明らかに！